"十三五"国家重点出版物出版规划项目

光电子科学与技术前沿丛书

# 有机功能材料微纳结构制备与应用

裴　坚　王婕妤　等／编著

科学出版社

北　京

# 内 容 简 介

本书重点阐述有机功能材料微纳结构的制备与应用。紧扣这一主题分以下几部分内容重点介绍：有机功能材料简介；有机功能材料各种分子间弱相互作用力；有机微纳结构制备方法；溶液法制备有机微纳结构的生长机理及结构调控；有机微纳结构功能化后修饰；有机微纳结构阵列化方法；有机微纳结构应用；总结与展望。各部分之间以"有机功能材料"贯穿，从基础理论知识介绍到最新前沿进展总结，对有机功能材料微纳结构这一领域的发展历程进行较为全面的综述。

本书适合从事有机功能材料、纳米材料、光电子学及化学等领域的科研人员使用，也可以作为高等院校相关专业的研究生及高年级本科生的学习参考书。

图书在版编目(CIP)数据

有机功能材料微纳结构制备与应用/裴坚等编著. —北京：科学出版社，2019.9

（光电子科学与技术前沿丛书）

"十三五"国家重点出版物出版规划项目　国家出版基金项目

ISBN 978-7-03-062189-4

Ⅰ. 有… Ⅱ. 裴… Ⅲ. 有机材料-纳米材料-功能材料-研究　Ⅳ. TB383

中国版本图书馆 CIP 数据核字(2019)第 180368 号

责任编辑：张淑晓　付林林 /责任校对：杜子昂
责任印制：吴兆东 /封面设计：黄华斌

科学出版社 出版
北京东黄城根北街 16 号
邮政编码：100717
http://www.sciencep.com

北京虎彩文化传播有限公司 印刷
科学出版社发行　各地新华书店经销
*

2019 年 9 月第　一　版　开本：720×1000　1/16
2022 年 1 月第三次印刷　印张：12
字数：225 000

**定价：118.00 元**
(如有印装质量问题，我社负责调换)

# "光电子科学与技术前沿丛书"编委会

**主　编**　姚建年　褚君浩

**副主编**　李永舫　李树深　邱　勇　唐本忠　黄　维

**编　委**（按姓氏笔画排序）

|  |  |  |  |  |
|---|---|---|---|---|
| 王　树 | 王　悦 | 王利祥 | 王献红 | 占肖卫 |
| 帅志刚 | 朱自强 | 李　振 | 李文连 | 李玉良 |
| 李儒新 | 杨德仁 | 张　荣 | 张德清 | 陈永胜 |
| 陈红征 | 罗　毅 | 房　喻 | 郝　跃 | 胡　斌 |
| 胡志高 | 骆清铭 | 黄　飞 | 黄志明 | 黄春辉 |
| 黄维扬 | 龚旗煌 | 彭俊彪 | 韩礼元 | 韩艳春 |
| 裴　坚 | | | | |

# 丛书序

光电子科学与技术涉及化学、物理、材料科学、信息科学、生命科学和工程技术等多学科的交叉与融合,涉及半导体材料在光电子领域的应用,是能源、通信、健康、环境等领域现代技术的基础。光电子科学与技术对传统产业的技术改造、新兴产业的发展、产业结构的调整优化,以及对我国加快创新型国家建设和建成科技强国将起到巨大的促进作用。

中国经过几十年的发展,光电子科学与技术水平有了很大程度的提高,半导体光电子材料、光电子器件和各种相关应用已发展到一定高度,逐步在若干方面赶上了世界水平,并在一些领域实现了超越。系统而全面地整理光电子科学与技术各前沿方向的科学理论、最新研究进展、存在问题和前景,将为科研人员以及刚进入该领域的学生提供多学科、实用、前沿、系统化的知识,将启迪青年学者与学子的思维,推动和引领这一科学技术领域的发展。为此,我们适时成立了"光电子科学与技术前沿丛书"专家委员会,在丛书专家委员会和科学出版社的组织下,邀请国内光电子科学与技术领域杰出的科学家,将各自相关领域的基础理论和最新科研成果进行总结梳理并出版。

"光电子科学与技术前沿丛书"以高质量、科学性、系统性、前瞻性和实用性为目标,内容既包括光电转换导论、有机自旋光电子学、有机光电材料理论等基础科学理论,也涵盖了太阳电池材料、有机光电材料、硅基光电材料、微纳光子材料、非线性光学材料和导电聚合物等先进的光电功能材料,以及有机/聚合物光电子器件和集成光电子器件等光电子器件，还包括光电子激光技术、飞秒光谱技术、太赫兹技术、半导体激光技术、印刷显示技术和荧光传感技术等先进的光电子技术及其应用，将涵盖光电子科学与技术的重要领域。希望业内同行和读者不吝赐教，帮助我们共同打造这套丛书。

在丛书编委会和科学出版社的共同努力下，"光电子科学与技术前沿丛书"获得 2018 年度国家出版基金支持，并入选了"十三五"国家重点出版物出版规划项目。

我们期待能为广大读者提供一套高质量、高水平的光电子科学与技术前沿著作，希望丛书的出版为助力光电子科学与技术研究的深入，促进学科理论体系的建设，激发创新思想，推动我国光电子科学与技术产业的发展，做出一定的贡献。

最后，感谢为丛书付出辛勤劳动的各位作者和出版社的同仁们！

"光电子科学与技术前沿丛书"编委会

2018 年 8 月

# 前　言

有机功能材料是有机电子学研究的基础，其特有的光、电、磁等性质一直吸引着大批研究人员为其功能器件的应用进行不懈努力。纳米科学技术的兴起与发展对社会经济发展以及人类的生产生活都产生了重要影响。随着表征技术的不断提高，"纳米"已经渗透到物理、化学、材料、电子学、生物、医学等多个学科，发展出许多新兴的研究分支。有机功能材料在纳米尺度所表现出的特殊性质也使得对有机功能材料微纳结构的研究成为热点。这一研究领域是一个学科高度交叉的领域，涉及合成化学、材料物理、微纳加工以及微电子学等多个学科。

本书全面系统地总结了有机功能材料微纳结构与器件应用方面的研究进展，介绍有机功能材料的结构及影响其微纳结构形成的各种分子间相互作用力，详细讨论了有机微纳结构的制备方法、结构调控策略、功能化后修饰方法、阵列化方法及其光电器件应用。全书内容围绕"有机功能材料"这一研究对象展开，从基础理论知识介绍到最新前沿进展总结，各个章节内容逐层递进，体现了多学科知识的交叉与融合，力求为读者全面展示这一研究领域的重要进展。希望本书能为读者带来一些益处与启发。

在本书的编写过程中，有多位研究生及博士后参与了编写及绘图工作，在此向他们表示衷心的感谢。

由于编著者水平有限，书中难免会有一些疏漏与不妥之处，敬请读者批评指正。

编著者

2018 年 12 月

# 目 录

丛书序 ········································································· i
前言 ············································································ iii

## 第 1 章 绪论 ································································ 001
### 1.1 有机功能材料概述 ····················································· 001
### 1.2 有机功能材料的微纳结构与器件应用 ······························· 002
### 1.3 有机功能材料的分子组装行为 ········································ 005
### 1.4 有机功能材料的研究方法 ············································· 008
参考文献 ········································································· 009

## 第 2 章 有机功能材料简介 ················································ 010
### 2.1 概述 ······································································ 010
### 2.2 有机功能材料的分类 ·················································· 010
#### 2.2.1 p 型有机小分子功能材料 ········································ 011
#### 2.2.2 n 型有机小分子功能材料 ········································ 021
#### 2.2.3 有机聚合物功能材料 ············································· 026
### 2.3 小结 ······································································ 029
参考文献 ········································································· 029

## 第 3 章　有机功能材料各种分子间弱相互作用力 ······ 037

- 3.1　范德瓦耳斯作用 ······ 038
- 3.2　金属-配体相互作用 ······ 038
- 3.3　π-π 相互作用 ······ 043
- 3.4　氢键 ······ 048
- 3.5　静电作用 ······ 051
- 3.6　疏水作用 ······ 052
- 3.7　S⋯S 相互作用 ······ 054
- 3.8　给受体相互作用 ······ 055
- 3.9　偶极-偶极相互作用 ······ 056
- 3.10　多种分子间弱相互作用力协同作用 ······ 057
  - 3.10.1　氢键辅助的 π-π 堆积聚集 ······ 058
  - 3.10.2　π-π 相互作用、金属-配体相互作用和氢键协同作用 ······ 059
- 参考文献 ······ 060

## 第 4 章　有机微纳结构制备方法 ······ 066

- 4.1　概述 ······ 066
- 4.2　溶液法 ······ 066
  - 4.2.1　体相溶液中的自组装 ······ 066
  - 4.2.2　表面/界面上的自组装 ······ 071
  - 4.2.3　溶剂蒸气退火 ······ 075
- 4.3　物理气相沉积 ······ 076
  - 4.3.1　金属酞菁及其衍生物 ······ 078
  - 4.3.2　羟基喹啉铝 ······ 078
  - 4.3.3　其他小分子和寡聚物 ······ 079
- 4.4　静电纺丝 ······ 079
  - 4.4.1　静电纺丝技术的原理 ······ 080
  - 4.4.2　影响纤维结构的基本因素 ······ 080
- 4.5　其他生长方法 ······ 084
- 参考文献 ······ 084

# 第 5 章　溶液法制备有机微纳结构的生长机理及结构调控 …………092

- 5.1　烷基链效应 …………………………………………………………092
  - 5.1.1　取代位置与取代基数目 …………………………………093
  - 5.1.2　烷基链长度的影响 ………………………………………095
  - 5.1.3　烷基链分叉位点的影响 …………………………………095
  - 5.1.4　烷基链的奇偶效应 ………………………………………097
  - 5.1.5　烷基侧链的手性 …………………………………………098
  - 5.1.6　烷氧基链 …………………………………………………099
  - 5.1.7　氟代链 ……………………………………………………100
- 5.2　异构效应与溶剂效应 ………………………………………………101
- 5.3　螺旋有机微纳结构和温度效应 ……………………………………103
- 5.4　管状有机微纳结构与溶剂刻蚀生长机理 …………………………105
- 5.5　花形有机微纳结构与分级自组装 …………………………………109
- 参考文献 ……………………………………………………………………111

# 第 6 章　有机微纳结构功能化后修饰 …………………………………116

- 6.1　层压技术 ……………………………………………………………117
- 6.2　物理气相转移法 ……………………………………………………118
- 6.3　分子束外延技术 ……………………………………………………119
- 6.4　溶液法 ………………………………………………………………120
- 6.5　表面修饰 ……………………………………………………………122
- 参考文献 ……………………………………………………………………124

# 第 7 章　有机微纳结构阵列化方法 ……………………………………127

- 7.1　概述 …………………………………………………………………127
- 7.2　滴涂法 ………………………………………………………………128
  - 7.2.1　蒸发诱导的自组装阵列化结构的生长 …………………128
  - 7.2.2　模板诱导的自组装阵列化结构的生长 …………………129
  - 7.2.3　浸润性诱导的自组装阵列化结构的生长 ………………132
  - 7.2.4　电场/磁场诱导的自组装阵列化结构的生长 ……………133

7.3 涂布法 … 135
   7.3.1 浸涂法 … 135
   7.3.2 旋涂法 … 136
   7.3.3 刮涂法 … 138
7.4 印刷 … 139
   7.4.1 喷墨印刷 … 139
   7.4.2 浸蘸笔纳米加工刻蚀法 … 140
   7.4.3 转移印刷 … 140
   7.4.4 模板诱导印刷 … 143
   7.4.5 过滤转移法 … 144
7.5 气相生长法 … 145
   7.5.1 物理气相沉积 … 145
   7.5.2 晶核诱导生长法 … 145
   7.5.3 模板诱导物理气相沉积 … 146
7.6 小结 … 148
参考文献 … 148

# 第8章 有机微纳结构应用 … 153

8.1 有机场效应晶体管 … 153
   8.1.1 引言 … 153
   8.1.2 有机场效应晶体管的工作原理与器件结构 … 154
   8.1.3 有机微纳单晶场效应晶体管 … 155
   8.1.4 共轭聚合物微纳晶场效应晶体管 … 157
8.2 有机太阳电池 … 158
   8.2.1 引言 … 158
   8.2.2 有机微纳太阳电池 … 158
8.3 有机分子传感器 … 161
   8.3.1 引言 … 161
   8.3.2 微纳结构应用于电化学传感器 … 161
   8.3.3 微纳结构应用于荧光传感器 … 162
8.4 有机光探测器 … 165
   8.4.1 引言 … 165

8.4.2　有机光探测器的机理 ……………………………… 165
　　　8.4.3　有机光探测器的应用 ……………………………… 166
　8.5　超疏水材料 …………………………………………………… 168
　　　8.5.1　引言 ………………………………………………… 168
　　　8.5.2　超疏水材料中的微纳结构 …………………………… 168
　参考文献 ……………………………………………………………… 170

**第9章　总结与展望** …………………………………………………… 174
索引 ……………………………………………………………………… 175

# 第 1 章

# 绪 论

## 1.1 有机功能材料概述

有机功能材料一般是指具有 π 电子体系，具备特殊光、电、磁性质的有机光电材料，通常可分为有机聚合物和有机小分子两大类[1, 2]。目前有机功能材料在显示、发光等工业领域已有广泛应用。

与无机材料相比，有机分子之间通过范德瓦耳斯力、静电作用、氢键以及 π-π 相互作用等弱相互作用力结合，这些弱相互作用力赋予了它们在固态甚至溶液状态下特殊的性质。从材料结构的角度来看，有机功能材料分子一般具有 π 电子体系，往往是稠环或者联环的芳香体系，这使得它们常常在紫外、可见和近红外区具有明显的吸收或者发射。更重要的是，有机分子可以方便地通过化学修饰来调控甚至改变有机功能材料分子本身的性质，这使得有机功能材料具有结构上的丰富性和功能上的多样性。从生产加工的角度来看，有机功能材料具有轻便、低成本、可实现柔性以及大规模加工等特点。

由于有机分子主要通过弱的分子间范德瓦耳斯力聚集形成材料，因此多表现为电学惰性。在 20 世纪 70 年代，Heeger、MacDiarmid 和 Shirakawa 三人发现适当的掺杂可以明显提高聚乙炔的导电性，从此打破了有机物不导电的认识壁垒，他们也因此项开创性的工作共同获得 2000 年的诺贝尔化学奖[2]。有机电子学这一新兴学科基于有机半导体材料逐步建立起来，有机功能材料也获得了蓬勃发展。

相比于无机半导体材料而言，有机半导体材料中的载流子是外在引入的，而非材料分子本身具有的自由载流子，这是有机半导体材料区别于无机半导体材料的一个显著的特点。外在引入载流子的方式有：电极注入(有机场效应晶体管和有机发光二极管)、光激发[有机太阳(能)电池]以及掺杂(有机热电材料)。有机半导体根据其载流子的不同可分为 p 型有机半导体和 n 型有机半导体。无机半导体材料因较强的原子间相互作用，往往具有较高的介电常数(一般相对介电常数大于

10),因此无机半导体中形成的通常是 Wannier 激子,正、负电荷之间的库仑束缚力较弱,形成空穴(hole)和电子(electron)两种自由的载流子。对应地,有机半导体材料的介电常数较小(一般相对介电常数处于 3 左右),形成的则通常是束缚力较强的 Frenkel 激子,空穴和电子之间不能完全分离,而是通过库仑相互作用形成紧密的电子-空穴对(electron-hole pair)。

## 1.2　有机功能材料的微纳结构与器件应用

功能材料的最终应用是具有某些特定物理结构的器件,通过不同的器件组装方法可以得到不同类型的器件。微纳加工技术在硅基半导体电子学中已有广泛的应用,精准的微纳加工技术使得硅基器件与芯片的尺寸越来越小,器件的集成度也越来越高。另外,基于有机功能材料的微纳器件也在近期的研究中大放异彩。有机功能材料的可溶液加工特性催生出一系列新型微纳加工手段(图 1-1*),如旋涂法、提拉法、打印法、模板法以及卷对卷法等,大大丰富了有机材料的加工方法和器件结构,对于更深入地对有机功能材料进行基础研究与实际应用都有重要的意义[3]。

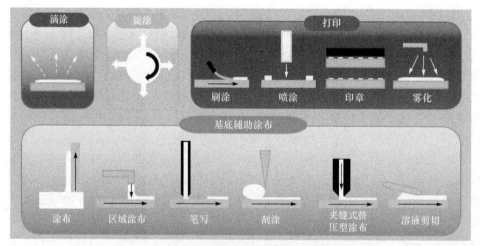

图 1-1　有机功能材料的若干微纳加工方法[3]

有机功能材料主要应用在有机发光二极管[4](organic light-emitted diode,OLED)、有机太阳电池[5](organic solar cell, OSC)和有机场效应晶体管[6](organic field effect transistor, OFET)三大研究领域,除此之外,还有有机存储器[7]、有机

---

\* 扫封底二维码可见本图彩图。全书同。

传感器[8]以及有机激光器[9]等研究领域,目前报道的有机微纳器件也主要是基于这几类基本的器件类型。

有机发光二极管是指有机半导体材料在电场驱动下,通过载流子注入并在有机发光介质中发生复合而导致发光的器件。1979 年,也就是在发现掺杂聚乙炔导电性质后的第三年,就职于美国柯达公司的美籍华裔科学家邓青云在实验室中首次构筑了高效率、高亮度以及低驱动电压的 OLED 器件,随后引发了全世界研究 OLED 的热潮。OLED 具有较低的功耗和优越的色域、亮度等特性,在显示应用上大放异彩。目前,京东方(BOE)和三星(Samsung)公司已经将 OLED 显示屏广泛地应用到手机上。基于 OLED 的平板显示也已实现大规模产业化。LG 公司已经于 2018 年推出了 88 寸、8K 分辨率的 AMOLED(active matrix OLED)彩色电视机。

典型的 OLED 器件结构如图 1-2 所示,是一个类似于三明治结构的多层器件,主要包括基板、透明电极、有机发光层、空穴传输层、电子传输层等。OLED 有机发光层很薄,因此 OLED 器件可以制作得非常轻薄。如果使用金属或塑料薄膜等柔性基板,就可制作出柔性 OLED 器件,满足轻便、易携带的需求。OLED 器件的工作原理是在阴、阳两极分别注入电子和空穴,两者在一定的电压驱动下分别经电子传输层、空穴传输层迁移到有机发光层发生复合,并伴随能量释放且传递给有机发光介质,然后有机发光介质通过激发态与基态之间的跃迁而产生不同波长的光。在发光过程中,载流子的注入效率及电子和空穴数量的平衡直接决定了 OLED 的发光效率。

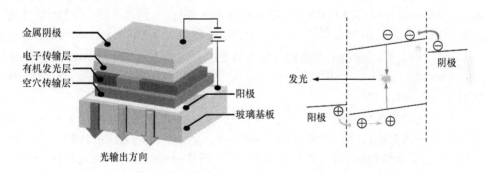

图 1-2 典型的 OLED 器件结构及原理示意图

有机太阳电池是将太阳能转化为电能的器件,其结构如图 1-3 所示。在有机太阳电池中,有机活性层的材料吸收光子,形成紧密束缚的电子-空穴对,称作激子(exciton)。激子随即扩散到给受体材料界面并发生激子分离,在给体和受体材料中分别产生可自由移动的空穴和电子,其中空穴沿着给体材料的最高占据分子轨道(highest occupied molecular orbital, HOMO)传输至阳极被收集,电子沿着受体材料的最低未占分子轨道(lowest unoccupied molecular orbital, LUMO)传输至阴极被收集，从而形成光电流。

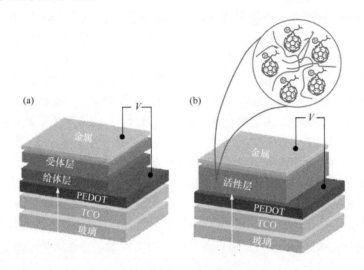

图 1-3　有机太阳电池的器件结构
(a)双层异质结太阳电池；(b)体异质结太阳电池。PEDOT：聚(3,4-乙烯二氧噻吩)；TCO：透明导电氧化物

第一个成功的有机太阳电池器件是邓青云博士于 1986 年报道的双层器件，其在两个电极[氧化铟锡(indium tin oxide, ITO)和 Ag]之间分别蒸镀一层酞菁铜作为 p 型材料(给体材料)和一层苝二酰亚胺作为 n 型材料(受体材料)，使激子分离发生在两相界面，最终获得了 1%的能量转化效率(power conversion efficiency, PCE)[5]。1992 年，Heeger 课题组将给受体材料共混制备了第一个体异质结(bulk heterojunction, BHJ)太阳电池[10]。此后，基于体异质结太阳电池的能量转化效率获得了令人瞩目的提高。

有机场效应晶体管是一种由三个电极所组成的电路开关元件，是有机晶体管存储器件和有机传感器件的基础。如图 1-4 所示，有机场效应晶体管器件一般由电极，包括栅极(gate, G)、源极(source, S)和漏极(drain, D)，绝缘层(insulator，又称介电层，dielectric layer)和半导体层(semiconductor，又称活性层，active layer)构成。根据栅极、源极和漏极的不同相对位置，可分为四种基本的器件结构。改变栅极电压可以控制源极和漏极之间的导电沟道的导通与关闭，从而实现逻辑控制。1986 年，Tsumura 课题组[6]报道了用聚噻吩作为半导体的场效应晶体管器件，器件表现出了明显的输出特性，成为第一个有机场效应晶体管器件。随后该领域受到了人们越来越多的关注，并涌现出了大量相关的有机小分子和聚合物场效应晶体管的研究工作。

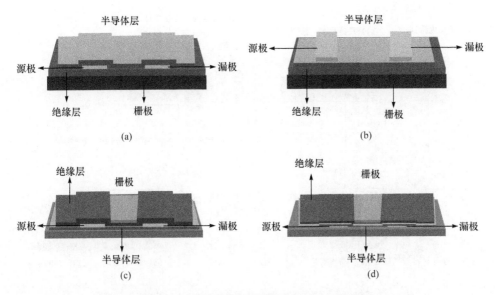

图 1-4 有机场效应晶体管的四种器件结构
(a)底栅底接触；(b)底栅顶接触；(c)顶栅顶接触；(d)顶栅底接触

## 1.3 有机功能材料的分子组装行为

有机功能材料分子的组装行为对电荷在有机分子薄膜或单晶中的传输性质具有重要的影响。从分子到材料，有机物分子跨越了从埃（Ångström）、纳米（nanometer）到微米（micrometer）等若干个数量级的尺度变化（图 1-5）。有机分子之间通过较弱的分子间相互作用力结合，使得它们在不同尺度表现出不同的复杂的组装结构。从微观的分子骨架结构、分子堆积形式、分子取向与排列结构到宏观的晶区与晶界，以及器件尺度，不同层次的分子组装结构对器件的效率均有不同程度的影响。有效地调节不同层次的分子组装行为和控制材料在器件内的微观形貌，以便最终获得高的器件效率，成为有机功能材料领域内最为关心的"构效关系"[11]。例如，有机场效应晶体管中载流子的注入及在分子尺度和器件尺度的传输；有机太阳电池中，有效的光子吸收、激子扩散和分离、电荷重组和迁移及电荷在电极表面的收集，这些物理过程均受到不同尺度的分子组装行为的影响。

有机材料分子在各个尺度和各个层次的组装行为来源于分子与分子之间的非共价相互作用。有机分子中常见的非共价相互作用包括范德瓦耳斯作用、π-π 相互作用、疏水作用、氢键、杂原子相互作用和静电作用等。总的来说，在有机分子形成的固态薄膜或单晶中，排斥作用与吸引作用之间总会达到一个平衡，使得

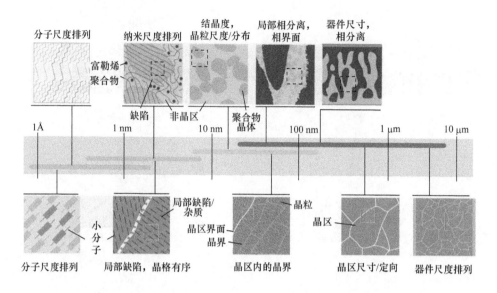

图 1-5 有机功能材料分子在不同尺度的组装行为或形貌特征[11]
上方：异质结中两相共混薄膜；下方：单组分小分子薄膜

在特定条件下的能量最低。对有机功能分子的结构创制和拓展修饰不仅可以改变分子与分子之间的相互作用，而且可以调控分子之间的堆积形式和排列结构，从而调控最终器件中有机功能材料的薄膜形貌和单晶排列结构，这也是有机功能材料领域的重要研究方向之一。

根据马库斯电子转移理论，有机半导体中载流子的迁移率可以用式(1-1)来描述，由于电子转移前后分子相同，有机分子结构不变，所以 $\Delta G^0 = 0$，式(1-1)可简化为式(1-2)。

$$k = \frac{2\pi}{\hbar} V^2 \sqrt{\frac{1}{4\pi k_B T \lambda}} \exp\left[-\left(\Delta G^0 + \lambda\right)^2 / 4\lambda k_B T\right] \quad (1\text{-}1)$$

$$k = \frac{V^2}{\hbar}\left(\frac{\pi}{\lambda k_B T}\right)^{\frac{1}{2}} \exp\left(-\frac{\lambda}{4 k_B T}\right) \quad (1\text{-}2)$$

其中，$T$ 是温度，$k_B$ 是玻尔兹曼常量，$\hbar$ 是约化普朗克常量。从公式中可以看出，载流子迁移率($k$)主要由两个重要的参数决定：重组能(reorganization energy，$\lambda$)和电子耦合(electronic coupling, $V$；也称转移积分, transfer integral)。重组能越小、电子耦合作用越强，则载流子迁移率越大。

在载流子传输过程中，有机分子会不断地由中性态变为带电态，再由带电态变为中性态。重组能反映了分子在得失电子后结构变化所需要的能量，得失电子后分子结构变化越大,则重组能越大。因此设计刚性的共轭分子有利于减小重组能。转移积分则由分子所处的相对位置和轨道分布所决定,因此有机分子之间的排列与堆积对材料的电子学性质至关重要。一般来说,π-π 距离越近则转移积分越强。对两个并四苯分子在面对面(face-to-face)平行排列状态下的研究表明,增大两个分子间的 π-π 距离,分子间的转移积分呈指数单调递减[12]。但是由于前线轨道具有在空间上分布密度不均匀的特性,分子的重叠面积和转移积分间并没有简单的函数关系。理论计算结果表明,两个并四苯分子平行排列并保持 3.74 Å 的距离下,分子分别沿长轴方向和短轴方向移动对空穴和电子的转移积分具有显著的影响。在分子的移动过程中,空穴和电子的转移积分表现出了不同的变化规律且会随着分子轨道分布的变化而产生很大的不同。在实际研究过程中,分子的单晶排列难以预测,导致前线轨道的转移积分难以计算,所以目前对于分子间转移积分的计算几乎都基于已知的晶体结构。

与小分子不同,聚合物中的载流子传输可以分为链内传输和链间传输(图 1-6)。链内传输通过 π 电子的离域实现,理论上具有很高的迁移率。聚合物载流子链内传输的迁移率受到聚合物有效共轭长度的限制。有效共轭长度则主要受到聚合物主链的无规扭转和热振动的影响,同时聚合物主链上的结构缺陷也会对载流子迁移产生影响。对于聚合物载流子的链间传输,可以用与小分子研究相似的理论加以解释,但是由于聚合物的排列结构难以解析,因而很难进行链间传输的定量研究,即使是定性研究也非常少。总之,提高聚合物薄膜中迁移率的方法包含以下几种:①减少聚合物链上的缺陷,增大有效共轭长度;②增加聚合物的分子量;③增强聚合物链中的 π-π 堆积和排列的有序性;④减小 π-π 堆积距离并调控合适的堆积构象。

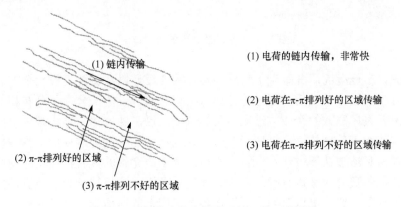

图 1-6 共轭聚合物中载流子输运的三个通道

从小分子和聚合物的电荷传输过程可以看出,分子的排列与堆积形成的分子组装结构对有机功能材料中的电荷传输有着举足轻重的影响[12, 13]。

## 1.4 有机功能材料的研究方法

有机功能材料是一门新兴的交叉学科，内容涉及化学、物理、材料科学及微电子加工技术等。如图 1-7 所示，目前，从材料的分子设计、合成与制备到最终的器件应用已经有了较为完整的研究过程。

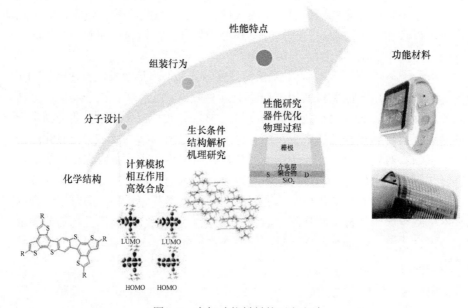

图 1-7 有机功能材料的研究方法

首先，在已有的研究基础上考虑共轭母核的设计以及侧链工程两个方面，进行材料分子的设计。随后，通过理论计算模拟获取分子的部分电子分布和能级结构的信息。采用高效的合成方法获得目标分子之后，通过单晶结构解析、薄膜掠入射 X 射线衍射等结构表征手段得到分子在固相中的排列与堆积信息。以模板法、气相沉积法和溶液法等方法可以将有机材料加工成完整的具有特殊功能的器件，在宏观器件的尺度对其进行性能研究。通过分子设计、组装行为以及器件性能三个方面的连贯研究，可以总结出分子在各个尺度上的结构特点之间的相互联系以及它们对最终器件性能的影响，从而指导有机功能分子的设计、合成与器件相关的工作，实现材料的功能化。

## 参 考 文 献

[1] Heeger A J, Sariciftci N S, Namdas E B. Semiconducting and Metallic Polymers. Oxford: Oxford University Press, 2010.
[2] Chiang C K, Fincher C R Jr, Park Y W, et al. Electrical conductivity in doped polyacetylene. Phys Rev Lett, 1977, 39: 1098-1101.
[3] Diao Y, Shaw L, Bao Z N, et al. Morphology control strategies for solution-proccessed organic semiconductor thin film.Energy Environ Sci, 2014, 7: 2145-2159.
[4] Tang C W, VanSlyke S A. Organic electroluminescent diodes. Appl Phys Lett, 1987, 51: 913-915.
[5] Tang C W. Two-layer organic photovoltaic cell. Appl Phys Lett, 1986, 48: 183-185.
[6] Tsumura A, Koezuka H, Ando T. Macromolecular electronic device: Field-effect transistor with a polythiophene thin film. Appl Phys Lett, 1986, 49: 1210-1212.
[7] Ouyang J Y, Chu C W, Tseng R J H, et al. Organic memory device fabricated through solution processing. Proc IEEE, 2005, 93: 1287-1296.
[8] Basabe-Desmonts L, Reinhoudt D N, Crego-Calama M. Design of fluorescent materials for chemical sensing. Chem Soc Rev, 2007, 36: 993-1017.
[9] Tessler N, Denton G J, Friend R H. Lasing from conjugated-polymer microcavities. Nature, 1996, 382: 695-697.
[10] Yu G, Gao J, Hummelen J C, et al. Polymer photovoltaic cells: Enhanced efficiencies via a network of internal donor-acceptor heterojunctions. Science, 1995, 270: 1789-1791.
[11] Rivnay J, Mannsfeld S C, Miller C E, et al. Quantitative determination of organic semiconductor microstructure from the molecular to device scale. Chem Rev, 2012, 112: 5488-5519.
[12] Niedzialek D, Lemaur V, Dudenko D, et al. Probing the relation between charge transport and supramolecular organization down to Ångström resolution in a benzothiadiazole-cyclopentadithiophene copolymer. Adv Mater, 2013, 25: 1939-1947.
[13] Coropceanu V, Cornil J, da Silva D A, et al. Charge transport in organic semiconductors. Chem Rev, 2007, 107: 926-952.

# 第 2 章

# 有机功能材料简介

## 2.1 概述

有机共轭小分子和聚合物目前被广泛应用于有机场效应晶体管(OFET)、有机光伏(organic photovoltaics, OPV)电池和有机发光二极管(OLED)等领域,近些年基于有机共轭小分子和聚合物的光电功能器件的研究逐渐深入。相对于无机功能化合物而言,有机功能材料的主要优势有:①有机功能材料可以利用溶液加工法加工成大面积薄膜器件,或者使用微纳加工技术如"金丝掩模法"[1]等来制备基于微纳晶的器件,加工工艺相对简单,加工温度相对较低;②有机分子的结构多样,通过调整分子结构可以很方便地调控分子的各种性质,从而满足不同光电子器件的需要;③成本低廉且可以大量制备;④在有机聚合物柔性基板上加工可以制备柔性器件。本章将主要介绍能用于微纳加工的各种 p 型、n 型有机小分子和聚合物,它们是各种有机功能器件的基础。

## 2.2 有机功能材料的分类

根据有机电子器件工作过程中材料内载流子种类的不同,可以将有机功能材料分为两种:以空穴作为载流子的材料被称为 p 型材料,以电子作为载流子的材料被称为 n 型材料。早期的研究大多是基于 p 型有机功能材料进行的,因为这类材料的稳定性普遍较好,测试环境中的水氧等因素对材料空穴传输性能的影响比较小。长期的研究积累使得 p 型有机功能材料的种类与制备方法都比较丰富,p 型有机功能材料的载流子迁移率也早已超过 $1.0~\text{cm}^2/(\text{V}\cdot\text{s})$。相比之下,对于 n 型有机功能材料的研究则相对迟缓,主要原因是 n 型材料大多对水氧的稳定性不好,在电子器件如场效应晶体管的加工与测试过程中对环境的要求比较苛刻,一般需要在真空或者惰性气体氛围中进行。此外,n 型材料的能级与常用的金属电极（如金电极）的功函匹配度不高，导致器件性能普遍偏低，这些因素大大限制了 n 型有机功能材料的发展。

### 2.2.1　p 型有机小分子功能材料

#### 1. 稠环芳烃及其衍生物

自 20 世纪 90 年代以来，人们对蒽及其衍生物等稠环芳烃半导体材料进行了广泛的研究，稠环芳烃是由两个或多个苯环以共用两个相邻碳原子的方式稠合而成的碳氢化合物，最简单的稠环芳烃是萘、蒽(**1**)、菲(**2**)。这类化合物一般都具有平面或近平面的共轭多环结构，因此 π 电子可以在整个骨架上离域。随着苯环数目的增加，分子间相互作用增强，容易形成良好的堆积模式，更有利于进行电荷传输。

线型稠环芳烃是最早被研究的一类有机半导体材料。蒽(**1**)单晶(图 2-1)[2]在低温下的载流子迁移率仅有 0.02 cm$^2$/(V·s)，而并四苯(**3**)单晶[3]的载流子迁移率可达 1.3 cm$^2$/(V·s)。但是并四苯分子对空气的稳定性不佳，需要对其进行结构修饰来增强分子的稳定性。并五苯分子(**4**)的最高占据分子轨道(HOMO)能级为-5.14 eV，能级带隙($E_g$)为 1.77 eV，具有半导体特性。2003 年，Kelley 课题组制备了基于并五苯多晶薄膜的有机场效应晶体管[4]，获得了超过 5.0 cm$^2$/(V·s)的载流子迁移率。随后，Palstra 课题组制备的并五苯单晶场效应晶体管[5]进一步表现出了高达 40 cm$^2$/(V·s)的迁移率，这可以与无机硅半导体的迁移率媲美，从而推动了并五苯分子在 OFET 等有机光电子器件中的深入研究。并六苯分子(**5**)由于合成方法复杂且不稳定，直到 2012 年才被 Chow 等[6]应用到有机功能器件中，他们通过物理气相沉积法生长了并六苯的单晶，并获得了 4.28 cm$^2$/(V·s)的载流子迁移率。

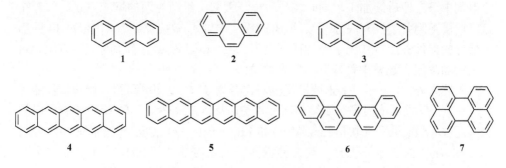

图 2-1　p 型稠环芳烃[2-4, 6-8]

在对这一系列无修饰基团的并苯体系进行研究后，人们发现这类体系随着苯环数目的增加，分子的溶解度降低，稳定性变差。于是，人们开始对线型稠环芳烃进行结构修饰以克服这些困难。苉(**6**)和苝(**7**)为非线型稠环芳烃，均为并五苯的同分异构体，但性质大有区别，Okamoto、Kubozono 课题组曾对苉的薄膜场效应晶体管进行过测试[7]，最高空穴迁移率可达 1 cm$^2$/(V·s)，而基于茈的单晶场效应晶体管器件[8]的空穴迁移率为 0.12 cm$^2$/(V·s)。

此外，可以在线型稠环芳烃的某些位点引入适当的取代基来调节分子的堆积模式、前线轨道能级和溶解性。2008 年，基于蒽骨架的化合物 **8**（图 2-2）[9]被用来研究非共价相互作用对有机半导体结晶度的影响。化合物 **8** 的氰基基团和蒽环之间存在氢键相互作用，因此容易形成平面共轭二聚体，相邻二聚体间通过 π-π 相互作用沿 $b$ 轴方向形成了共面堆积结构，最终形成纳米带结构。研究发现，如果将可以形成氢键的氰基替换成甲基，单晶纳米带结构则无法形成，验证了非共价相互作用对有机半导体材料堆积结构的调控作用。基于蒽环的十字形分子 **9**、**10**、**11** 也被用来研究半导体材料的构效关系。这类分子[10]外围的芳香环与中心环之间是相互垂直的，研究表明这类分子容易形成微晶或纳晶结构。由于化合物 **9**、**10**、**11** 具有不同的分子间 π-π 相互作用，它们会分别形成一维、二维和三维晶体，在有机场效应晶体管中的载流子迁移率分别为 0.73 cm$^2$/(V·s)、0.52 cm$^2$/(V·s) 和 10$^{-5}$ cm$^2$/(V·s)。2009 年，Hu（胡文平）、Meng（孟鸿）课题组报道了一类蒽的衍生物 DPVAnt(**12**)[11]，其在有机单晶场效应晶体管中表现出优异的性能。化合物 **12** 可以以较高的产率获得，在空气中表现出较高的稳定性，并且在薄膜场效应晶体管器件中表现出良好的性质，基于其单晶结构的场效应晶体管表现出 1.28 cm$^2$/(V·s) 的载流子迁移率。

同年，Lee、Shim、Park 课题组对一系列三异丙基硅基乙炔基（TIPS）取代的蒽衍生物 **13**、**14**、**15**、**16**[12]进行了研究，探究了不同结构对分子堆积方式的影响。大位阻的 TIPS 保护基使化合物的溶解度变大，可溶于常见的氯仿、甲苯及氯苯等溶剂中，方便后续加工，同时也导致分子采取二维面对面的堆积方式。作者在氩气环境下制备了具有底栅顶接触（BG TC）结构的场效应晶体管，化合物 **14** 展示了最好的器件性能，载流子平均迁移率为 1.82 cm$^2$/(V·s)，而其他几种 TIPSAnt 衍生物的载流子迁移率都较其小几个数量级。

除此之外，Lee 和 Choi 课题组也对化合物 **17**、**19**[13]单晶的电荷传输性能进行了研究。二者在顶栅底接触结构的有机单晶场效应晶体管（SC-FET）中表现出的空穴迁移率最高分别为 0.40 cm$^2$/(V·s) 和 1.60 cm$^2$/(V·s)。Choi 课题组在 2012 年对化合物 **18**[14]也进行了研究，其在有机薄膜场效应晶体管（OTFT）中表现出大约 0.13 cm$^2$/(V·s) 的空穴迁移率，而在有机单晶场效应晶体管中表现出的迁移率则要高 1 个数量级，达到 1.00～1.35 cm$^2$/(V·s)。

除了蒽类衍生物，人们也对并四苯分子进行了结构拓展。虽然并四苯分子的稳定性不高，但它的荧光量子效率很高（～20%），因此可以作为发光材料被应用在发光器件（OLED）中。红荧烯（rubrene, **20**）（图 2-3）是有机单晶场效应晶体管器件中研究得较为深入的半导体材料之一。2004 年，Rogers 课题组提出了一种新的

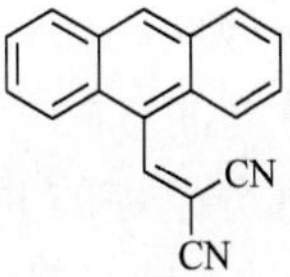

图 2-2 p 型蒽衍生物[9-14]

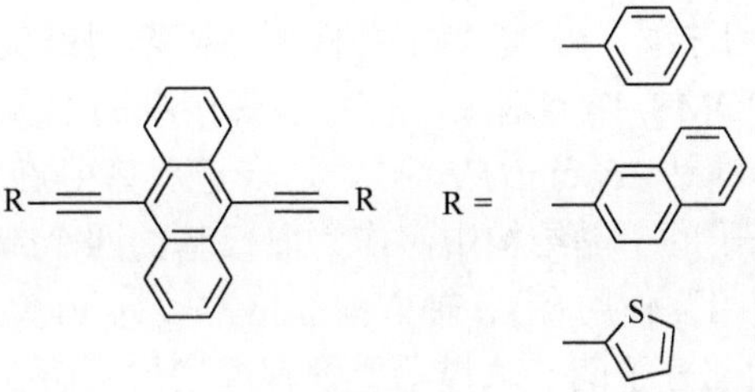

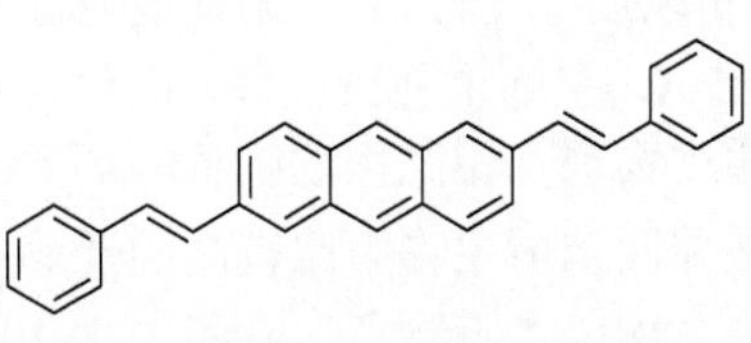

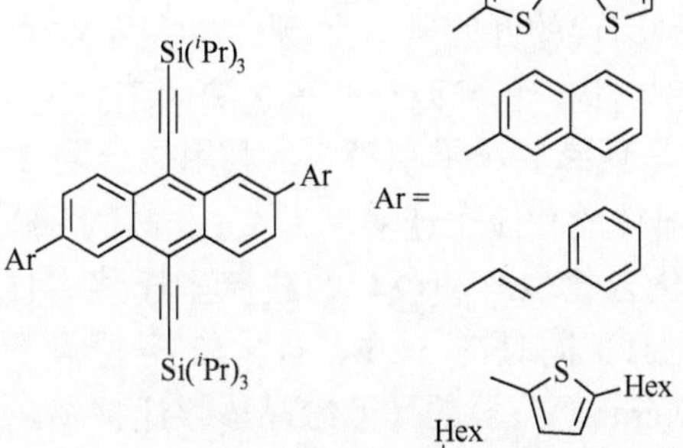

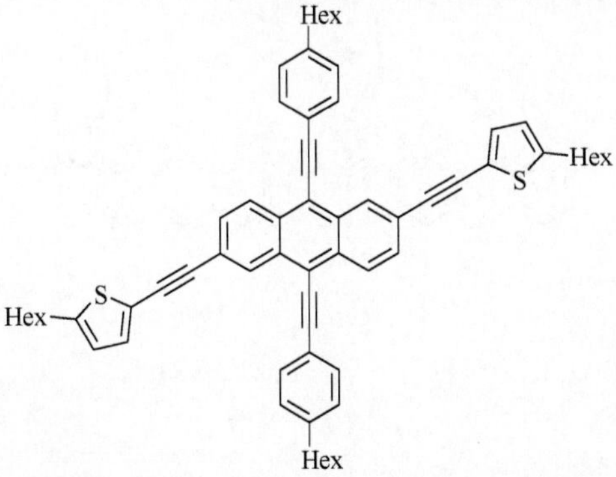

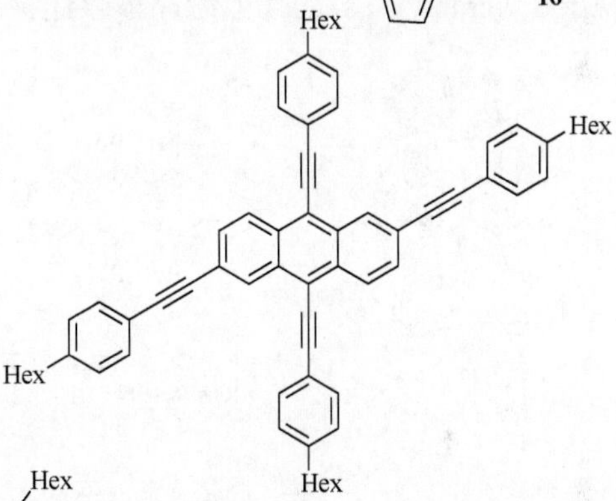

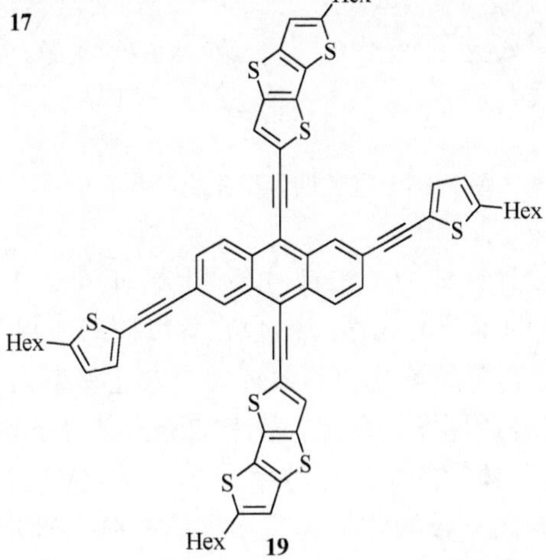

单晶器件加工技术[15]，避免了器件制备工艺对红荧烯单晶的损伤。他们以聚二甲基硅氧烷(PDMS)作为基底，制备了底接触的红荧烯单晶场效应晶体管，获得的空穴迁移率高达 15 $cm^2/(V \cdot s)$，这一迁移率是在沿分子单晶的 *b* 轴方向测量得到的。在分子的单晶结构中，作为取代基的四个苯环与相邻分子中的并四苯结构具有紧密的相互作用(沿 *a* 轴方向晶格常数为 14.4 Å，沿 *b* 轴方向晶格常数为 7.2 Å)，使得相邻分子间 π 轨道的重叠程度增加，而 *b* 轴方向是红荧烯分子固态堆积下的 π-π 作用方向，因此沿 *b* 轴方向载流子的迁移率较大。Bao(鲍哲南)课题组合成了几种卤代的并四苯衍生物[16]，单晶 XRD 解析表明，化合物 **21** 采取面对面滑移 π 堆积结构，相邻两个分子之间的距离为 3.485 Å，空间重叠比较好，而化合物 **23**、**24** 呈现鱼骨状堆积模式。利用化合物 **21** 通过物理气相沉积法制备的场效应晶体管器件的载流子迁移率为 1.6 $cm^2/(V \cdot s)$，是并四苯衍生物中比较高的迁移率值，而化合物 **23** 和 **24** 的载流子迁移率仅为 $1.4\times10^{-4}$ $cm^2/(V \cdot s)$ 和 $2.4\times10^{-3}$ $cm^2/(V \cdot s)$。同时在 5、6、11、12 号位点引入氯原子的化合物 **22**[17]，其单晶表现出 1.7 $cm^2/(V \cdot s)$ 的场效应晶体管迁移率。

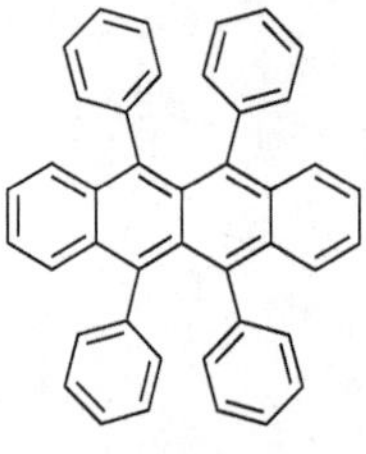

**20**

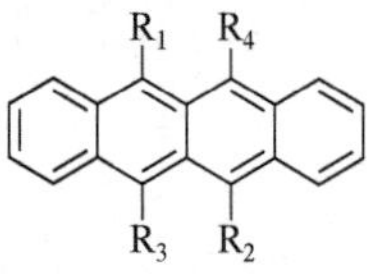


$R_1 = R_2 = Cl, R_3 = R_4 = H$ **21**
$R_1 = R_2 = R_3 = R_4 = Cl$ **22**

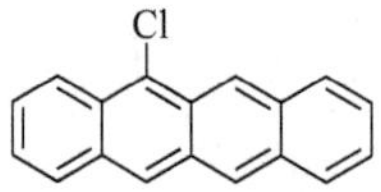


**23**

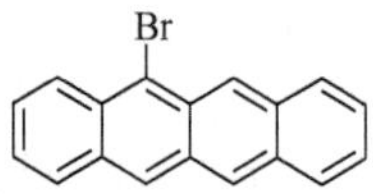


**24**

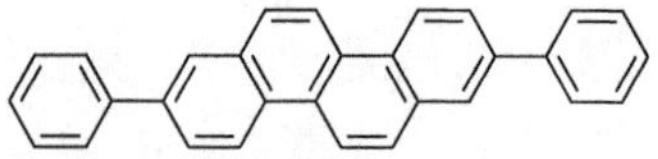

**25**

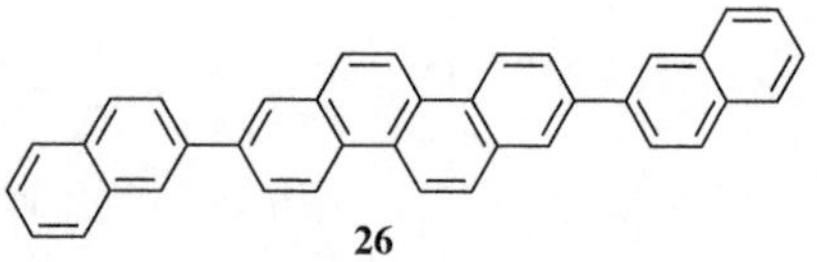

**26**

图 2-3 p 型并四苯衍生物[15-18]

作为并四苯分子同分异构体的衍生物，**25** 和 **26** 的单晶可以通过物理气相转移法[18]获得。化合物 **25** 的苯基取代基与中心并苯母核的偏角大约为 26.4°，分子以鱼骨状堆积模式排列，其单晶场效应晶体管的空穴迁移率为 1.6 $cm^2/(V \cdot s)$。由于化合物 **26** 未能生长出合适厚度的单晶，故未能测出其分子堆积方式，基于化合物 **26** 的有机单晶场效应晶体管的空穴迁移率为 2.2 $cm^2/(V \cdot s)$。

衍生化的并五苯及其同分异构体是 p 型半导体材料中研究最为深入的一类体系之一。对并五苯类化合物进行的最简单的修饰就是在其活性位点 6、13 位引入具有一定体积的保护基团，如三异丙基硅基或三乙基硅基。实验证明，并五苯分子的堆积方式与取代基和共轭骨架的长度有关，一般采取一维 π 堆积或者鱼骨状堆积，当取代基的长度是并苯骨架长度的一半时，分子间的堆积方式呈现为二维层状堆积(如化合物 **28**)(图 2-4)。2012 年，Bao(鲍哲南)课题组对三异丙基硅基乙炔基并五苯 TIPS-PEN(**27**)的单晶[19]进行了有机场效应晶体管器件的加工与测试，采用顶栅底接触(TGBC)结构的器件获得的平均空穴迁移率为 $(1.5 \pm 0.5)\,\text{cm}^2/(\text{V}\cdot\text{s})$。他们采用其课题组发明的液滴固定结晶法(droplet-pinned crystallization，DPC)生长 p 型和 n 型晶体，将其做成互补反相器，反相器可获得的 gain 值最大为 155。化合物 **29**[20, 21]较化合物 **21** 和 **22** 的共轭骨架进一步拓展，其纳米带晶体以底栅顶接触(BGTC)方式构建场效应晶体管，获得的载流子迁移率高达 $9.0\,\text{cm}^2/(\text{V}\cdot\text{s})$。

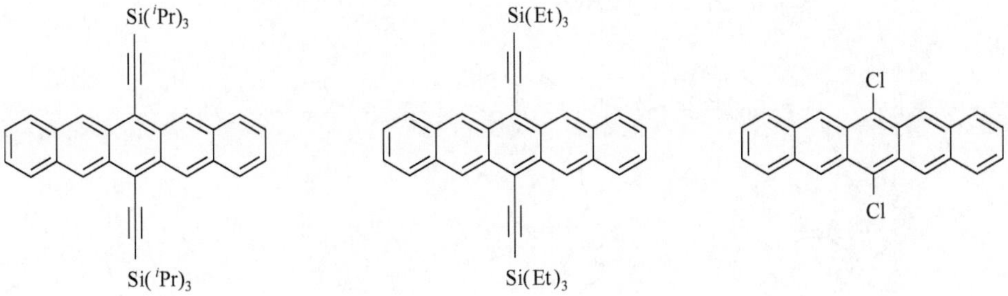

图 2-4　p 型并五苯衍生物[19-21]

2012 年，为了研究分子电荷传输的三维各向异性，Tao(陶绪堂)课题组研究了基于 BNVBP 分子(**30**)[22]的有机场效应晶体管性质(图 2-5)。BNVBP 分子的单晶可通过物理气相转移法获得，单晶 XRD 结构解析表明 BNVBP 分子以鱼骨状堆积模式排列。单晶中沿 $a$ 轴方向的载流子迁移率为 $2.37\,\text{cm}^2/(\text{V}\cdot\text{s})$，沿 $b$ 轴方向的载流子迁移率约为 $1.17\,\text{cm}^2/(\text{V}\cdot\text{s})$，而沿 (110) 方向的载流子迁移率仅有 $0.65\,\text{cm}^2/(\text{V}\cdot\text{s})$。沿 $c$ 轴方向分子间没有相互作用，表现出绝缘体的性质，不利于电荷注入。这是第一例通过生长合适维度的单晶的方法来测试有机场效应晶体管中三维迁移率各向异性的分子。

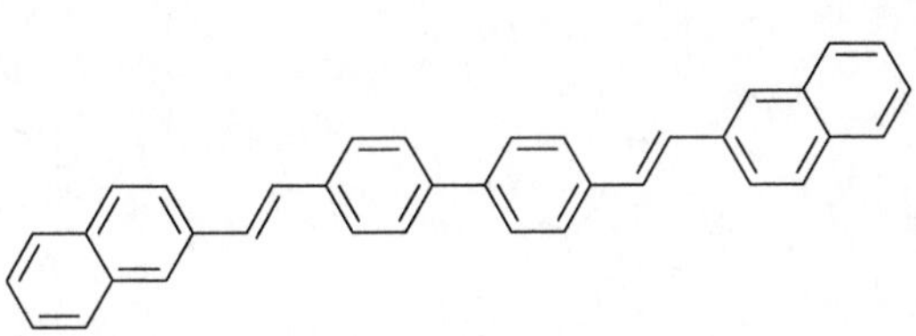

图 2-5　BNVBP 分子的结构式[22]

## 2. 硫族杂环小分子及其衍生物

杂环并苯是用杂环体系，如噻吩和含氮杂环等，取代一个或多个苯分子。杂环并苯是另一类重要的稠环共轭体系，与稠环芳烃类分子相比，其 π 电子更加定域化，使得分子的芳香性变低，在室温条件下更加稳定[23-25]。人们设计了将杂环置于共轭骨架中间，以苯环作为末端基团的共轭结构，这类分子被认为可能会具有较高的载流子迁移率。基于此，具有不同共轭长度的 BTBT、DNTT/DNSS 和 DATT 分子 (**31**~**34**)[23, 26-28]被成功合成出来(图 2-6)。与以噻吩封端的类似结构相比，这一系列化

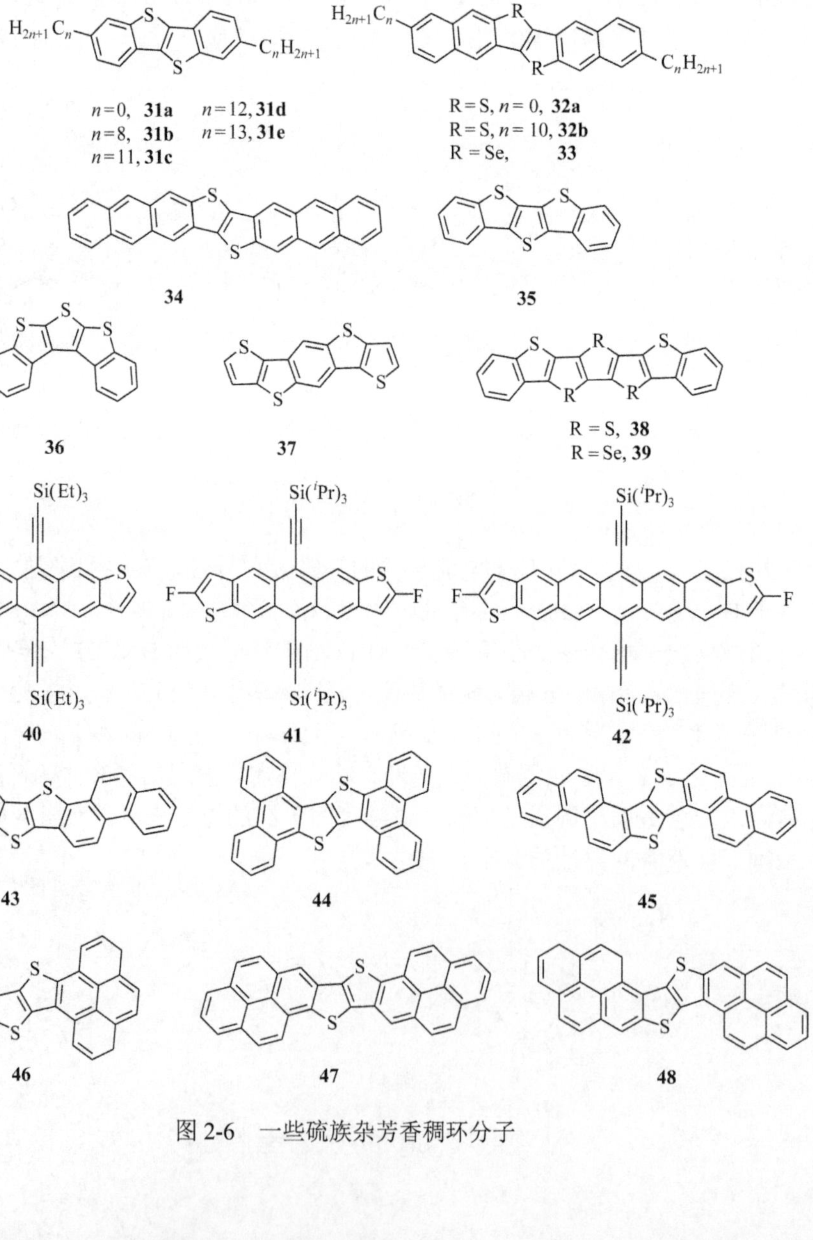

图 2-6  一些硫族杂芳香稠环分子

合物(**31~34**)的载流子迁移率明显提高，能级带隙也显著增大(通常大于 3.0 eV)。通过真空沉积法获得的分子 DNTT(**32a**)、DNSS(**33**)和 DATT(**34**)的薄膜载流子迁移率分别为 2.9 cm$^2$/(V·s)、1.9 cm$^2$/(V·s)和 3.1 cm$^2$/(V·s)。分子 DNTT(**32a**)的单晶有机场效应晶体管器件经过测试表现出高达 8.3 cm$^2$/(V·s)的迁移率[29]。

化合物 **35** 是含三个噻吩环的并五苯衍生物，其单晶的空穴迁移率为 1.8 cm$^2$/(V·s)[30]。化合物 **36** 是化合物 **35** 的同分异构体，但是二者的物理性质有所不同。化合物 **36** 的单晶的空穴迁移率[31]较化合物 **35** 低很多，仅为 0.6 cm$^2$/(V·s)。进一步延长 π 共轭体系可以获得化合物 **38** 和 **39**，二者分别表现出 0.5 cm$^2$/(V·s)和 1.1 cm$^2$/(V·s)的空穴迁移率[32]。以噻吩封端的稠环化合物，与并苯类化合物相比，表现出良好的抗氧化性以及电荷传输性质。但目前这类化合物的载流子迁移率仍远低于非晶硅(α-Si)，除了 DTBDT(**37**)的衍生物 DTBDT-C6[载流子迁移率为 1.7 cm$^2$/(V·s)[33]]以外，这类化合物的迁移率都低于 1.0 cm$^2$/(V·s)[25, 34, 35]，远没有杂环位于共轭骨架中心、以苯基封端的杂环芳烃的迁移率高。此外，实验表明，硫杂稠环芳烃由于分子间存在 S⋯S、S⋯C 或者 S⋯π 相互作用，呈现面对面的 π 堆积模式，如化合物 **36~39** 均表现为共面的鱼骨状堆积结构[36]。分子结构的细微改变会导致分子堆积模式的明显变化[37]，具有非常类似结构的同分异构体化合物 **35** 和 **36** 在单晶中就表现出了不同的堆积结构。化合物 DBTDT(**35**)由于存在 C—H⋯π 和 S⋯π 相互作用，在 *a-c* 平面内形成鱼骨状的堆积模式，而镰刀状分子 BBTT(**36**)则是沿 *a* 轴方向展现出分子间距离为 3.54 Å 的鱼骨状堆积。

与并苯类化合物相比，杂环并苯的能级带隙通常大于 3.3 eV，HOMO 能级低于−5.3 eV，因而具有较高的载流子迁移率和较好的稳定性。向这样的体系引入大位阻增溶基团，可以使分子由原本的鱼骨状堆积转变为二维滑移 π 堆积(砖块型)。化合物 TES-ADT(**40**)的空穴迁移率为 1.0 cm$^2$/(V·s)[38]，引入氟原子后可进一步调节分子堆积模式，因为引入的氟原子可以形成 F⋯F 或 F⋯S 相互作用，从而改变分子间的堆积方式。化合物 F-TIPS-ADT(**41**)和 F-TSBS-PDT(**42**)采取了二维薄层状(lamellar)堆积方式[39, 40]，使得分子间相互作用的强度增加，电子耦合作用也增强，因此化合物 **41** 和 **42** 分别表现出 1.5 cm$^2$/(V·s)和 1.8 cm$^2$/(V·s)的空穴迁移率。

烷基侧链常被用于提高材料的溶解度，从而使得材料可加工性变好，而且烷基侧链有时也会使堆积更加紧密，但从电子传递的角度来看，长烷基链的密度较高，会在半导体 π-π 堆积之间产生绝缘层，从而限制了分子垂直方向的电子传递，并且减小了靠近沟道表面的 π 电子数目[41, 42]。对于一系列 C$_n$-BTBT 分子(**31a~31e**)，载流子迁移率随着烷基侧链碳原子数目的奇偶性不同表现出很明显的波动，偶数烷基链的 BTBT 分子往往表现出比相应奇数烷基链分子更高的空穴迁移率,但当 $n = 10 \sim 14$ 时,现象恰恰相反[23],这说明引入合适长度的侧链取代基对调节载流子迁移率有一定意义。化合物 **31b**、**31c**、**31d**、**31e** 的电子传递能力都较强,其薄膜空穴迁移率分别为 1.80 cm²/(V·s)、1.76 cm²/(V·s)、3.9 cm²/(V·s) 和 2.75 cm²/(V·s),而二辛基苯并噻吩并苯并噻吩($C_8$-BTBT)的单晶通过喷墨打印的方法,可以表现出 31.3 cm²/(V·s) 的空穴迁移率[43]。

2011 年,Bao(鲍哲南)、Aspuru-Guzik 课题组通过理论计算得到了一系列以不同并苯封端的并噻吩化合物(**32a**、**34**、**43~48**)的 HOMO、LUMO 能级以及重组能,通过对比发现化合物 **34** 和 **47** 可能具有较好的电学性质,通过计算出的单晶结构模拟其载流子迁移率,二者的空穴迁移率分别为 3.34 cm²/(V·s) 和 1.45 cm²/(V·s)[44]。

四硫富瓦烯(tetrathiafulvalene,TTF)及其衍生物是另一类硫杂稠环分子,同样可以将上面提到的分子设计原则应用到四硫富瓦烯体系中。以化合物 TTF(**49**)(图 2-7)[45]为例,由于 α-TTF 沿短轴方向形成较强的 π 堆积,并且分子间存在 S⋯S 相互作用,所以 α-TTF 的空穴迁移率高达 1.2 cm²/(V·s),而 β-TTF 仅表现出 0.23 cm²/(V·s) 的迁移率。为了进一步研究延长 π 共轭体系对载流子迁移率的影响,在 TTF 末端分别引入噻吩环和苯环的化合物 **50** 和 **51** 被合成出来,由于分子 π 轨道重叠程度增加,S⋯S 相互作用增强,因此电荷传递可以在多维度发生,从而表现出共面鱼骨状堆积模式[46,47],化合物 **50** 通过溶液加工获得的单

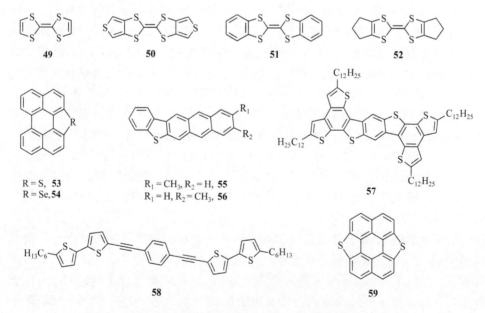

图 2-7 四硫富瓦烯及其衍生物以及一些其他的噻吩杂环衍生物

晶，空穴迁移率为 3.65 cm²/(V·s)[48]。对化合物 **50** 进行细微的结构修饰，发现分子堆积方式发生显著变化，如将化合物 **50** 中的噻吩环换为环戊烷(**52**)，分子变为滑移 π 堆积。除此之外，分子间"肩并肩"的排列以及较近的 S…S 相互作用距离 [$d$(S…S) = 3.545~3.647 Å] 使得 π-π 相互作用增强，从而增大了该分子(**52**)的转移积分 ["肩并肩": $t_1$ = 0.1151 eV; 滑移堆积: $t_2$ = −0.0113 eV, $t_3$ = 0.0176 eV]，因此以 TTF(四硫富瓦烯)-TCNQ(7, 7, 8, 8-tetracyanoquinodimethane, 7, 7, 8, 8-四氰基喹啉二甲烷)作为电极，HMTTF(**52**)的空穴迁移率超过 10 cm²/(V·s)[49]，再次证明提高电荷载流子传输性能与分子间相互作用直接相关。

化合物 **53** 和 **54** 更趋向形成薄层状(lamellar)结构，由于向多环芳烃中引入了硫原子和硒原子，分子倾向形成双沟道结构，通过有机单晶场效应晶体管的测试，发现化合物 **53** 和 **54** 的空穴迁移率分别为 0.8 cm²/(V·s) 和 2.66 cm²/(V·s)[50, 51]。通过循环伏安法测试化合物 **55**、**56** 的 HOMO 能级约为−5.34 eV，与金电极的功函(−5.2 eV)相匹配，同时化合物 **55**、**56** 容易发生自组装，形成宽度为 1~8 μm、长度为几百毫米的带状结构，通过顶接触型场效应晶体管的构建，发现化合物 **55**、**56** 的平均空穴迁移率为 0.88 cm²/(V·s)[52]。化合物 **57** 通过从二氯甲烷溶液中沉淀的方法得到的 OFET 的空穴迁移率为 0.01 cm²/(V·s)[53]，后来将溶剂换为四氢呋喃/正己烷(1:3)提高了分子的结晶度，大幅度地提高了化合物 **57** 的空穴迁移率，通过该方法得到的有机单晶场效应晶体管的空穴迁移率为 2.1 cm²/(V·s)[54]。化合物 **58** 具有 0.4 cm²/(V·s) 的空穴迁移率，随着二维晶体的厚度不同，空穴迁移率也会有轻微变化[55]。将单边噻吩取代的化合物 **53** 的另一边也用噻吩环封端，得到化合物 **59**，由于 S…S 相互作用，从而形成一维单晶纳米带结构，空穴迁移率可达到 2.13 cm²/(V·s)[56]。

**3. 含氮杂稠环及含氮共轭大环分子**

除了向体系中引入噻吩环外，还可以引入其他杂环体系，含氮原子的取代基是最常用的吸电子基团之一，引入氮原子可以提高有机半导体对空气的稳定性，同时由于 N—H…π 相互作用[57]，分子间相互作用也会增强。化合物 **60a**(图 2-8)是最具代表性的一个例子，它与并五苯结构相似，呈现典型的鱼骨状堆积模式，但是由于强烈的 N—H…π 相互作用，出现双向的电子耦合，更加有利于载流子传输，化合物 **60a** 的单晶空穴迁移率为 1.0 cm²/(V·s)[58]。由于 N—H…π 相互作用，当在氮原子上引入侧链取代基后，分子堆积方式和电荷传输性质会发生改变，如化合物 **60b** 为一维滑移堆积排列，因此它的空穴迁移率较低。同样在化合物 **61** 中也会观察到类似现象，化合物 **61a** 由于形成二维网络状 S…S 相互作用和氢键相互作用，其空穴迁移率可达到 3.6 cm²/(V·s)，而在化合物 **61b** 和 **61c** 中，由于堆积方式的改变，空穴迁移率仅有 0.4 cm²/(V·s)[59]。

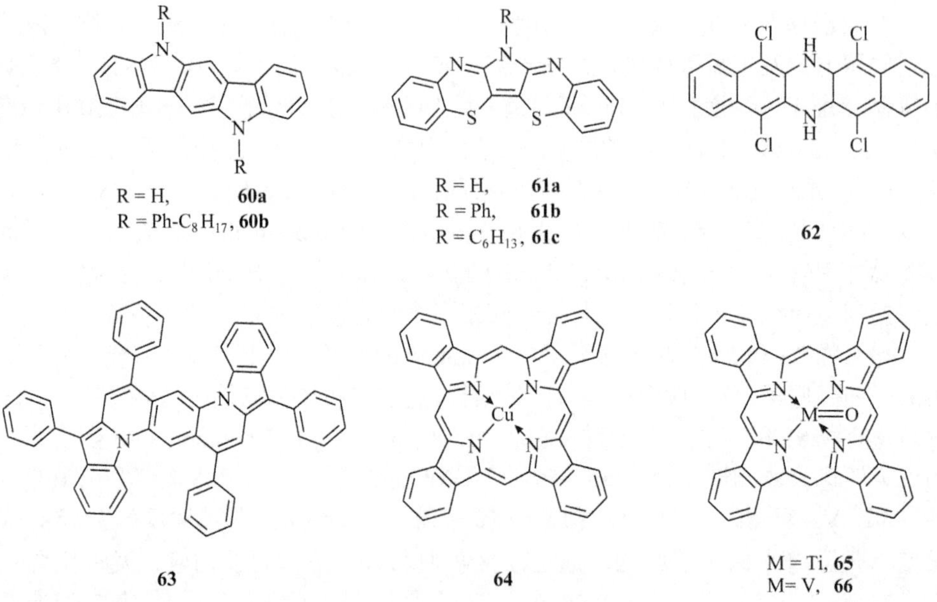

图 2-8　一些 p 型含氮杂稠环及衍生物[58-63]

向氮杂并五苯体系中引入卤素原子也是一个研究策略。化合物 **62** 就是一个具有代表性的例子，由于 Cl⋯Cl 相互作用距离(3.68 Å)和 π-π 堆积距离(3.45 Å)相近，因此该分子为鱼骨状堆积模式，化合物 **62** 的空穴迁移率为 1.4 cm$^2$/(V·s)[60]。理论计算得到的空穴迁移率更高，达到 4.16 cm$^2$/(V·s)。

化合物 **63**、**64**、**65**、**66** 均为二维材料，分子结构更为复杂，共轭平面进一步扩大。其中化合物 **63** 由于分子间相互作用较强，单晶空穴迁移率达到 1.0 cm$^2$/(V·s)[61]。化合物 **64** 和 **65**(**66**)也被广泛用于研究 p 型半导体性质，它们的分子结构虽然相似，但分子构型和堆积方式有很大的差别：①化合物 **64** 是一个平面共轭结构，而化合物 **65**(**66**)是金字塔形结构，氧原子偏离共轭平面；②化合物 **64** 沿 b 轴方向呈共面鱼骨状堆积，而化合物 **65**(**66**)则由于形成砖块型堆积，π-π 堆积距离较近($d_1$ = 3.211 Å；$d_2$ = 3.145 Å)，因此化合物 **65**(**66**)通过真空沉积得到的薄膜，载流子迁移率高达 10 cm$^2$/(V·s)[62]，而化合物 **64** 的载流子迁移率仅有 1.0 cm$^2$/(V·s)[63]。

4. 其他 p 型有机小分子

2012 年，Tsuji、Takeya、Nakamura 课题组报道了基于化合物 **67** 的溶液可加工的有机单晶场效应晶体管，在所设计的结构中，化合物 **67a** 和 **67b**(图 2-9)被认为溶解性和器件可加工性能最好，基于化合物 **67b** 的有机单晶膜表现出 1.5~3.6 cm$^2$/(V·s)的空穴迁移率[64]。化合物 **68** 也被广泛应用于空穴传输材料，可以将其应用于静电复印术以及有机发光二极管中，由于它是一个非平面结构的分子，堆积与结晶程度会受到一定影响，因此迁移率往往不高[65, 66]。向该分子中引入苯基取代基(**69**)来限制分子旋转，提高分子的平面性，进而对分子的堆积方式和载流子传输有较大的影响，化合物 **69** 的真空蒸镀薄膜的空穴迁移率为 0.015 $cm^2/(V \cdot s)$[67]。

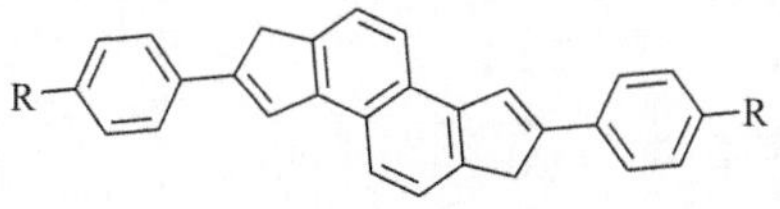

R = H,　**67a**
R= $C_8H_{17}$, **67b**

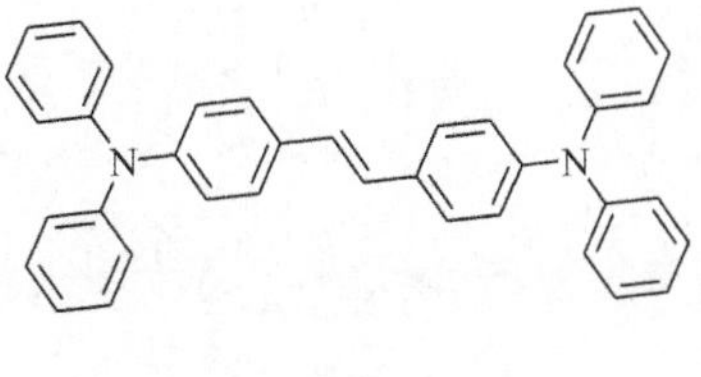

**68**

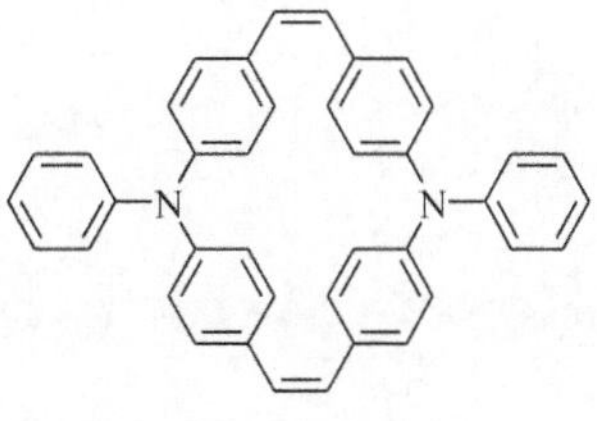

**69**

图 2-9　一些 p 型有机小分子功能材料[64-67]

## 2.2.2　n 型有机小分子功能材料

1. 含酰亚胺基团化合物

设计 n 型半导体材料最重要的问题之一就是合成具有一定稳定性的材料。n 型半导体材料的不稳定性并非化合物本征的化学不稳定性，而是在大气环境下无法对其进行微纳加工。半导体材料的电子载流子会与空气中的氧气或水发生反应，从而导致电荷传输性质变差，因此设计 n 型材料首要需要考虑的是增加空气稳定性。增加空气稳定性的主要方法就是避免氧气或者水接触到薄膜/晶体的电荷传输沟道。于是针对此缺陷主要有两个设计策略：①在氮原子上引入大位阻取代基，如将烷基链换为全氟烷基链，使得分子在固态下堆积更加紧密，并且取代基作为疏水基团，一定程度上阻止氧气/水进入半导体层[68-70]；②向分子的中心核引入强吸电子基团，如氯原子或者氰基，使得分子 LUMO 能级大幅度降低，氧气和水无法与其发生反应[69, 71-73]。以常见的 n 型材料 NDI 和 PDI 类[59, 70, 74-77]为例，化合物 **71a**、**71b**、**72b** 和 **73b**(图 2-10)由于紧密堆积的氟代侧链位阻较大，因此与无氟取代基化合物 **70a**、**70b** 和 **72a** 相比，器件表现出更好的空气稳定性。以 **72b** 为例，在氩气氛围中通过物理气相转移法可以获得几毫米长、500 μm 宽的红色

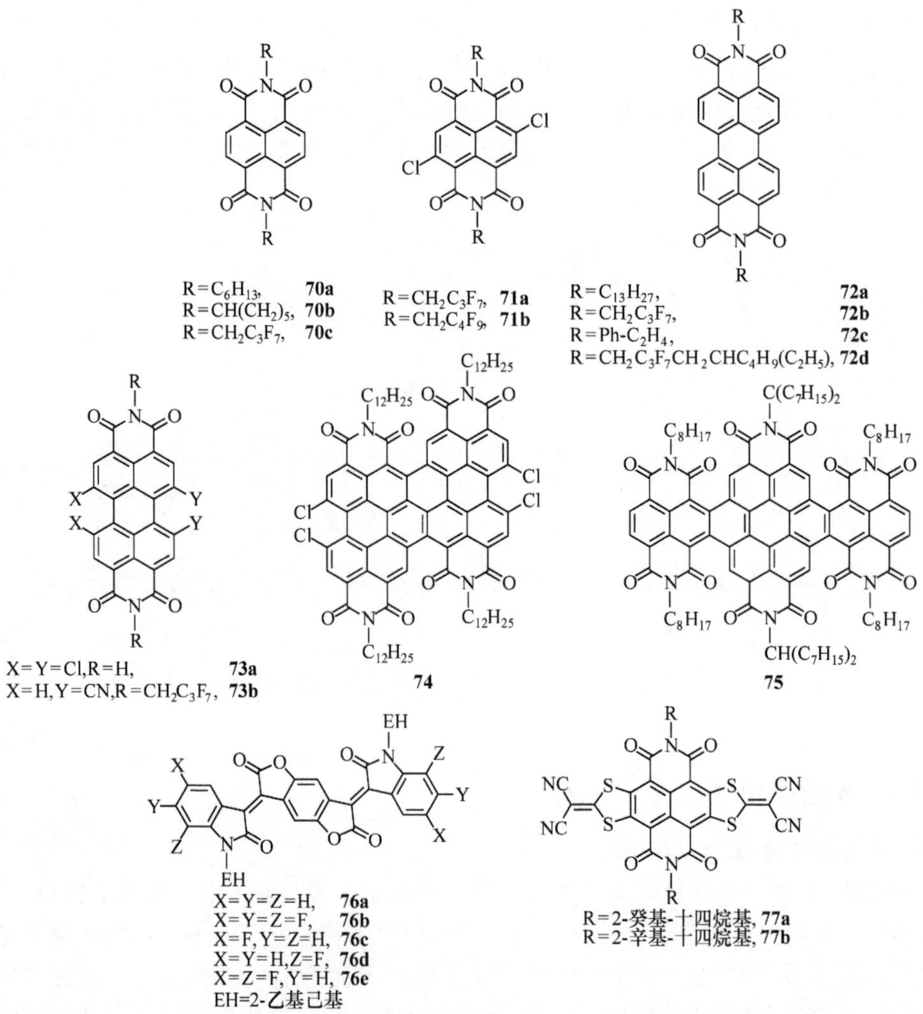

图 2-10 一些酰亚胺类 n 型小分子材料

晶体 **72b**,能用于加工的晶体通常要求厚度小于 1 μm,虽然对于化合物 **72b** 来说很难控制,但是最终可以将其贴合到重掺杂的 Si/SiO$_2$-PMMA(聚甲基丙烯酸甲酯)双电层上,将单晶场效应晶体管放在真空和空气中分别测量,得到的电子迁移率分别为 6.0 cm$^2$/(V·s) 和 3.0 cm$^2$/(V·s)[76]。化合物 **73b** 是较罕见的没有大位阻取代基就表现出良好的空气稳定性的分子,这主要是由该分子的 LUMO 能级较低(−4.44 eV)引起的。将以上两种策略合理地应用到 n 型材料的设计中,容易得到对空气稳定的功能材料。例如,化合物 **70c** 通过物理气相转移法可以得到六边形毫米尺寸的单晶,将单一晶体做成有机场效应晶体管,电子迁移率为 0.7 cm$^2$/(V·s)[78],比薄膜场效应晶体管要高 70 倍,构建化合物 **70c** 时采用的是掩模法，因此可以检测晶体的各向异性，不同方向的晶体迁移率各向异性约为1.6。2015 年，化合物 **72d** 被应用于有机单晶场效应晶体管中，以聚苯乙烯/$SiO_2$ 作为双电层，采用原位溶剂挥发的方法，从而获得了单晶场效应晶体管，聚苯烯修饰的双电层能使被 $SiO_2$ 表面的羟基进行的电荷捕获最小化，这样的有机单晶场效应晶体管可在空气中进行测试，电子迁移率大约为 1.2 $cm^2/(V \cdot s)$[79]，开关比大于 $10^5$。

除此之外，延长 π 共轭体系也可以被应用到 n 型材料的设计中，化合物 **74**、**75** 和 **77** 就是基于此设计策略而合成的。这类分子的合成简单，并且分子间具有较强的 π-π 相互作用，可以形成良好的 π-π 堆积，有利于载流子传输，有效降低了 LUMO 能级，提高了其空气稳定性[77, 80-82]。将化合物 **74** 通过掩模法直接构筑有机场效应晶体管，得到的电子迁移率为 4.65 $cm^2/(V \cdot s)$，而化合物 **77b** 只有 0.51 $cm^2/(V \cdot s)$ 的电子迁移率，将烷基链进一步进行扩展后，分子 **77b** 的结晶度增强，固态下的堆积变得更加有序，因此表现出 3.65 $cm^2/(V \cdot s)$ 的电子迁移率。

2015 年，Pei(裴坚)课题组对基于 BDOPV 分子的衍生物展开了针对其半导体特性的研究，BDOPV 是一个吸电子的共轭骨架，具有较高的电子迁移率和良好的环境稳定性[83-85]。利用这一结构发展了一些新型的 n 型小分子，化合物 **76a** 表现出一维堆积的单晶结构，电子迁移率高达 3.25 $cm^2/(V \cdot s)$，通过在不同位置引入不同数目的氟原子进一步降低分子的 LUMO 能级以及调节分子的堆积方式，**76** 的五种化合物均展现出面对面相互作用，从而单晶表现为柱状堆积，**76b** 和 **76d** 为反平行共面堆积，从而表现出更高的电子迁移率。通过底栅顶接触(BGTC)的方式构建有机单晶场效应晶体管，化合物 **76a~76d** 得到的平均电子迁移率分别为 1.90 $cm^2/(V \cdot s)$、1.63 $cm^2/(V \cdot s)$、3.86 $cm^2/(V \cdot s)$、7.58 $cm^2/(V \cdot s)$ 和 3.25 $cm^2/(V \cdot s)$[86]。

2. 含卤素原子、氮原子或氰基的化合物

2011 年，Tao(陶雨台)课题组合成了化合物 TCDAP(**78**)(图 2-11)，并且对这个化合物的单晶场效应晶体管进行了测试。化合物 **78** 用 $sp^2$ 杂化的氮原子取代并苯中的 CH 单元后，还原电势变得更负，电子亲和性(EA)更高，并且空气稳定性会增强。前面提到过含氮原子的并苯体系可能由于存在 CH⋯N 相互作用，从而形成共面堆积。在此基础上引入卤素，卤素-卤素相互作用可能会进一步促进共面 π-π 堆积。化合物 **78** 的单晶器件仅表现出 n 型性质，室温下饱和区电子迁移率为 2.50~3.39 $cm^2/(V \cdot s)$，而线性区的电子迁移率为 2.89~3.67 $cm^2/(V \cdot s)$[87, 88]。

化合物 **80** 也可以用于制备有机单晶场效应晶体管[89]，通常化合物 **80** 在良溶剂中通过滴涂法会得到单晶簇，不适合装配成有机单晶场效应晶体管，改变化合物的浓度(1~10 mg/mL)也不会改变晶体的团簇形貌，并且直到溶剂快挥发尽时才会开始结晶。因此化合物 **80** 在良溶剂中不易形成单晶的原因是高浓度下结晶

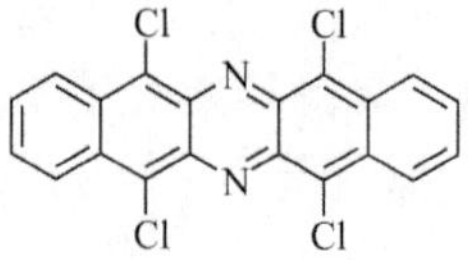

图 2-11 一些含卤素原子、氮原子或氰基的 n 型小分子

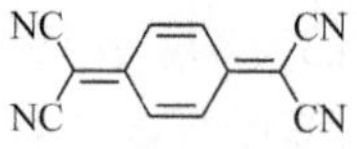

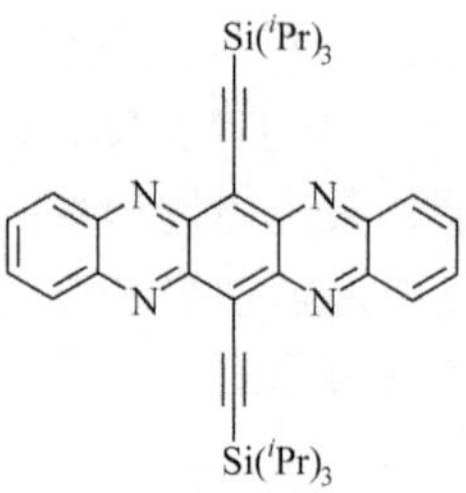

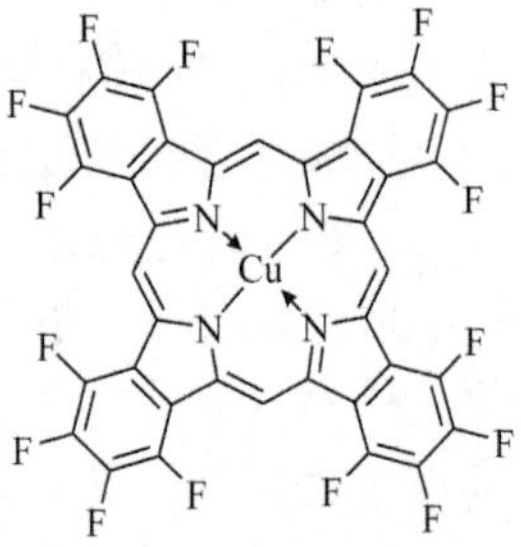

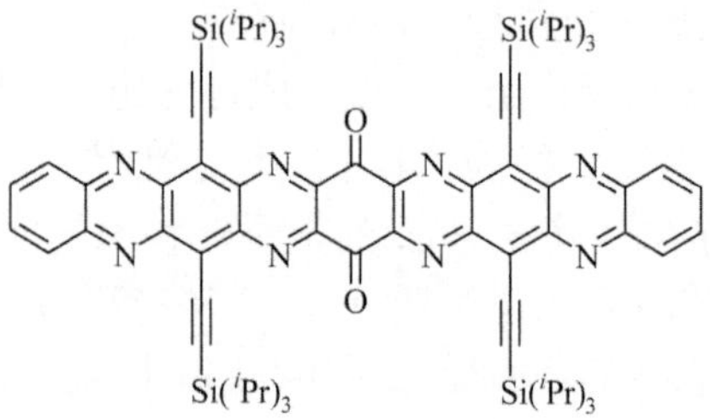

速率过快，于是加入适量的不良溶剂是最佳的解决方法，然后再通过滴涂法获得单晶场效应晶体管，以 Ag 作为源极和漏极，电子迁移率高达 1.77 $cm^2/(V \cdot s)$。在以化合物 **80** 作为基本骨架的基础上，2015 年 Zhang 等合成了化合物 **82**，较长骨架主链的氮杂并苯化合物稳定性较差，容易与水和氧气发生反应，同时易发生 Diels-Alder 反应。为了解决这些问题，化合物 **82** 的醌式结构的设计既保证了一定的共轭程度，又削弱了它的活泼性：①由于 π-π 相互作用，π 共轭骨架可以进行有效的电子传输；②通过在骨架中引入更多的氮原子，LUMO 能级降低；③由于共轭良好，可以获得较好的空气稳定性。通过结构解析，化合物 **82** 的分子骨架有轻微扭曲，作者认为这对于稳定的分子堆积有重要贡献，对于单晶场效应晶体管在大气条件下进行测试，得到电子迁移率为 0.2 $cm^2/(V \cdot s)$[90]，并且能进行稳定测试，因此在分子骨架中引入氮原子是发展对空气稳定的 n 型材料的有效方法。

$F_{16}CuPc$(**81**) 是对空气稳定的 n 型材料，并且对热和化学反应都具有较高的稳定性[91]。在 Bao(鲍哲南)课题组的工作中曾经证明该化合物的薄膜场效应晶体管的电子迁移率能够达到 0.03 $cm^2/(V \cdot s)$[92]，但直到 2006 年 $F_{16}CuPc$ 的结构才被研究并且被尝试应用在有机单晶场效应晶体管中，分别采用 Au、Ag 作源极和漏极，通过顶栅底接触的方式测得的电子迁移率为 0.2 $cm^2/(V \cdot s)$[93,94]。

除了卤素原子和氮原子这样的吸电子原子外，氰基也是在 n 型材料中常用的修饰基团，化合物 TCNQ(**79**)通过物理气相转移可以得到厚度为 2～3 μm 的盘状单晶，后经过静电作用可贴合在 $SiO_2$/重掺杂的 Si 基底上，通过器件测试，在空气中电子迁移率为 $0.2 \sim 0.5$ $cm^2/(V \cdot s)$ [95]。

3. $C_{60}$ 及其衍生物

$C_{60}$(**83**)(图 2-12)是碳元素的一种晶体形态，具有芳香性，但 $C_{60}$ 及其衍生物的空气稳定性较差，在初始研究过程中只能在高真空条件下完成对材料的加工和测试。由于 $C_{60}$ 的溶解性很差，其球体的分子结构也不利于形成高度有序的结构，因此人们开始寻找可以诱导 $C_{60}$ 高度有序的手段，Anthopoulos 课题组以聚合物为绝缘修饰层，用外延生长法在石英片基板上制备出了 $C_{60}$ 的多晶薄膜，基于该方法所制器件的电子迁移率为 6.0 $cm^2/(V \cdot s)$ [96]。

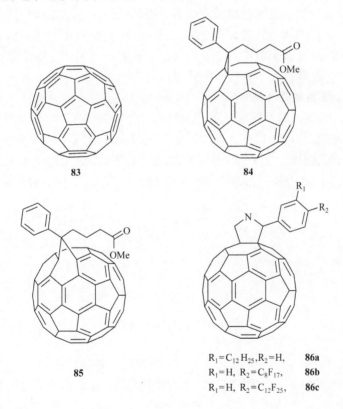

图 2-12 $C_{60}$ 及其衍生的 n 型小分子

由于从气相中缓慢生成单晶往往会导致产率较低，而且可重复性差，因此为了解决这一问题，人们开始用溶液法尝试获得多晶薄膜，通过间二甲苯和四氯化碳的混合溶剂来进行 $C_{60}$ 晶体的培养，通常在边缘地区可以观察到针状晶体的形成，获得的器件电子迁移率也可达到 2.7 $cm^2/(V \cdot s)$ [97, 98]。

为了改善 $C_{60}$ 的溶解度和溶液可加工性,人们将烷基、酯基等引入 $C_{60}$ 衍生物中,有机太阳电池领域 PCBM(**84**)[99]即为其中之一,但该化合物仅能制得薄膜场效应晶体管,用于微纳加工中仍比较困难,同样化合物 **85**、**86** 都被研究过其 n 型电荷传输性质,但本质上都不如 $C_{60}$ 分子,表现出的性质也比较一般[100-102]。

### 2.2.3 有机聚合物功能材料

2000 年,发现导电聚合物的三位科学家被授予诺贝尔化学奖,人们的传统观念(认为聚合物只能做绝缘材料)随之发生了改变。由此也掀起了人们对有机聚合物功能材料光电性能进行了研究的热潮,但这类材料的光电子器件性能通常较差,主要原因是聚合物材料是通过薄膜制备的,而薄膜相对于单晶材料而言,有序性较差,不利于电荷的有效传输,因此制备聚合物单晶材料是十分必要的。但聚合物的分子量大,呈现多分散性,分子间作用力较复杂,因此制备单晶聚合物功能材料比较困难。在此仅简单介绍一些常见的可用于微纳加工的共轭聚合物材料。

**1. 聚噻吩型共轭聚合物**

2006 年,Kim 课题组报道了第一个共轭聚合物微纳晶的工作,将 P3HT(**87**)(图 2-13)的稀氯仿溶液,通过"自晶种法"(self-seeding)自组装[103]的方法,使一维晶体线生长到双电层上,在溶液结晶的过程中,P3HT 会通过 π-π 相互作用自发进行组装。经推测,P3HT 能形成一维纳米线的一个重要原因是溶剂蒸气压增加。

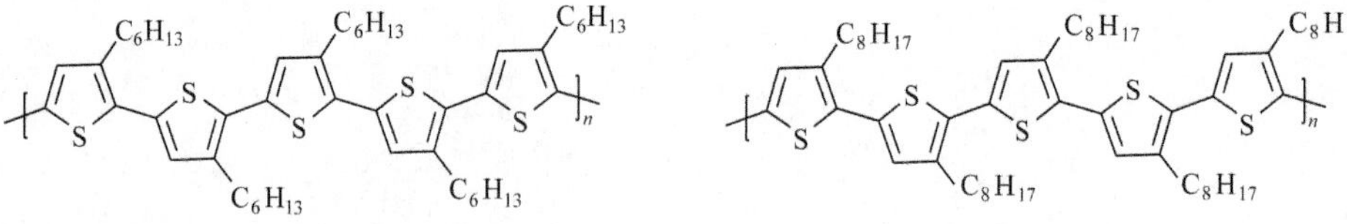

图 2-13 聚噻吩类衍生物

2009 年,He(何天白)课题组提出了一种新的制备聚噻吩半导体微纳晶的方法——溶剂蒸气退火法。以 P3OT(**88**)作为研究对象,首先将稀释后的 P3OT 氯仿溶液通过滴涂法,在密闭体系中将溶剂缓慢挥干,从而可以获得 P3OT 多晶薄膜,然后置于四氢呋喃的溶剂蒸气中处理,通过 P3OT 的自组装行为获得针状微纳晶,XRD 数据表明聚合物是以侧链垂直于基底而骨架主链沿纳米线长轴方向进行堆积的,最终获得的空穴迁移率为 $1.54 \times 10^{-4}$ $cm^2/(V \cdot s)$[104]。此外,Han(韩艳春)课题组对一系列聚噻吩衍生物进行研究,通过使用不同溶剂,探究聚合物纳米线的生成形貌和生成速率等,实验证实 $CS_2$ 是诱导聚噻吩衍生物形成纤维状纳米线的最佳选择[105]。

## 2. 聚芴类及其他体系高分子功能材料

聚芴类也是一类研究得较深入的高分子功能材料，2013年Yan(闫东航)课题组报道了基于聚芴类体系的单晶功能材料，以化合物PFO(**89**)(图2-14)为研究对象，通过氯仿：乙醇 = 1∶3(体积比)的混合溶剂进行单晶的制备[106]，晶体结构表明分子共轭骨架方向垂直于薄层状表面，而烷基链取代基则沿着晶体生长方向，薄层的厚度与外延链长一致，表明了化合物**89**在晶体状态下分子链没有折叠。

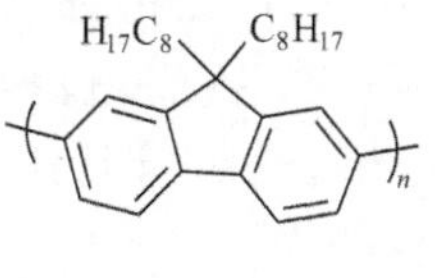

图2-14 聚芴类p型高分子材料和其他体系高分子材料

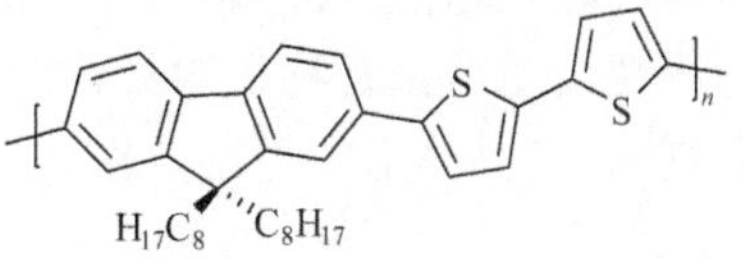

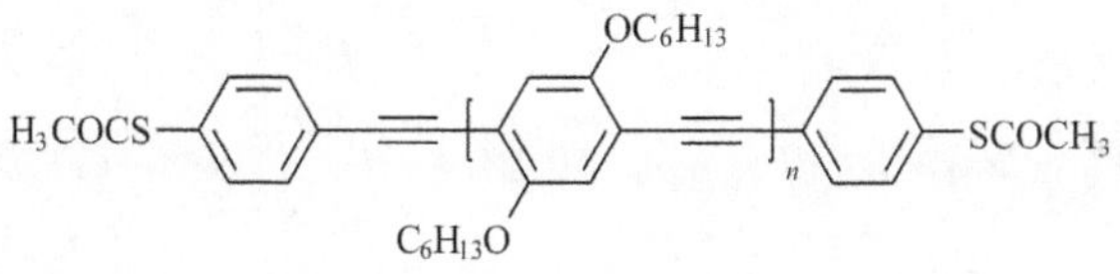

同样，利用混合溶剂自组装法可以制备双组分单晶[107]，结构解析表明它也是薄层状的堆积模式，研究发现不同组分的溶解度对结晶过程很重要，其中分子量大的物质先析出。目前混合溶剂法对聚芴类层状晶体的生长是十分有效的。此外通过调节良溶剂(如甲苯)和不良溶剂(如乙醇)的体积比也可实现对化合物**89**单晶的形貌调控：针状的晶体骨架沿着晶体的长轴方向生长，螺旋状的纤维晶体聚合物沿分子链垂直于长轴方向生长，而棒状晶体聚合物链则垂直于基底侧链，沿平行于基底的方向生长晶体。

2006年，Redmond课题组用溶液辅助模板去湿法得到了化合物**90**的纳米线，平均长度为15 μm，半径为200 nm左右，通过底接触的方式构筑的器件经过测试，响应度为0.4 mA/W，外量子效率在单色光照射下接近0.1%，这一数值与在无机单晶纳米线装置中所报道的值在同一数量级上，因此化合物**90**[108]在纳米光子集成系统中有潜在的应用前景。

化合物**91**是一类重要的聚合物半导体材料，不仅有较好的光电和非线性光学的性质，而且对热和光稳定，不易被氧化，此外化合物**91**的刚性共轭结构和良好的导电性使其在纳米尺寸的器件中有潜在应用。Hu(胡文平)、Yan(闫寿科)、Gong课题组对化合物**91**进行了系统的研究，这个化合物是继化合物**87**后报道的第二例共轭聚合物单晶，通过单晶衍射数据可知化合物**91**的纳米线具有明显的单晶衍射特性，而且纳米线中分子是以平行于纳米线长轴方向进行堆积的，通过顶接触的器件测试得到，化合物 **91** 的空穴迁移率达到 $0.1\ cm^2/(V\cdot s)$ [109]，比该化合物的薄膜场效应晶体管器件性能要高 3～4 个数量级。

3. 给受体共聚物

除了上述一些经典体系外，通过给受体单元共聚会获得具有窄带隙的共轭聚合物材料，从而应用在光电子器件中而备受关注。化合物 **92**（图 2-15）以氯苯作为溶剂，通过溶剂蒸气增强滴涂(solvent vapor enhanced drop casting)法可以达到高度的分子有序性，使得化合物在单纤维结构中排列良好，在 SVED 过程中，溶剂挥发，化合物 **92** 以晶体形式析出，空穴迁移率高达 $5.5\ cm^2/(V\cdot s)$ [110]。

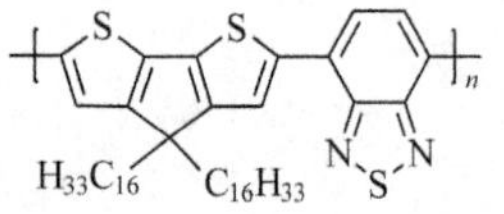

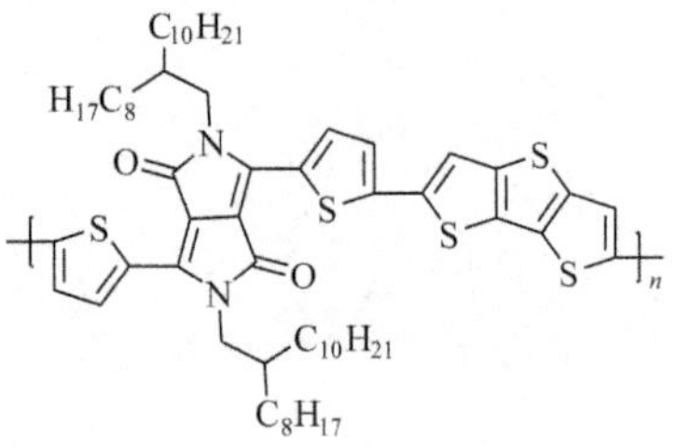

图 2-15　可用于微纳加工的 p 型共聚物

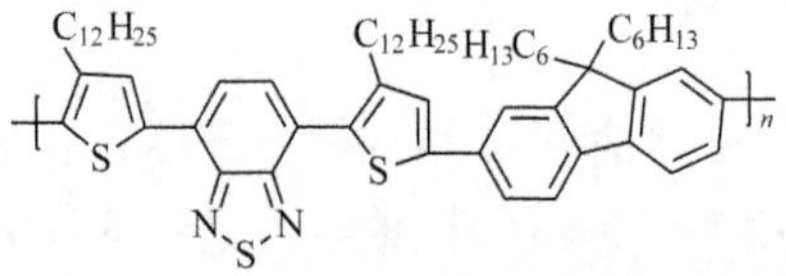

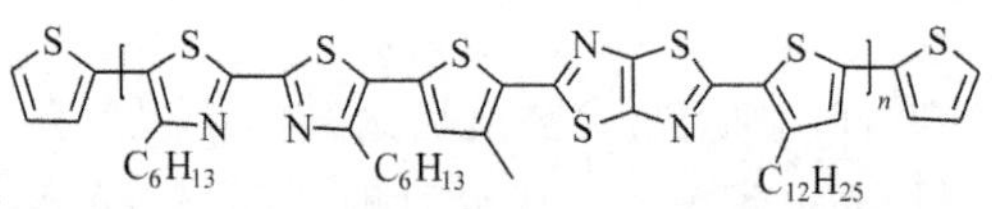

化合物 **93** 可以被制备成聚合物纳米线，通过结构解析发现化合物 **93** 的聚合物纳米线展现出单晶的性质，π-π 堆积方向与纳米线的纵向是垂直的，通过器件测试，化合物 **93** 的空穴迁移率约为 $7.0\ cm^2/(V\cdot s)$ [111]，这一迁移率比在薄膜场效应晶体管中测得的数值高几乎一个数量级。另一个基于芴的给受体共轭聚合物 **94** 通过简单的模板滴涂技术也可以获得高质量、大面积的聚合物纳米线，这些无规的聚合物纳米线具有较好的柔性，能够通过一定的可重复性展示出良好的光导性质，将其应用在光控开关领域，灵敏度高达 1700 mA/W，在光强为 $5.76\ mW/cm^2$ 以及开启电压为 40 V 的条件下开关比高达 2000[112]。化合物 **95** 被用来研究溶剂极性、溶解度及处理时间对共轭聚合物形貌和堆积模式的影响，原子力显微镜和 XRD 测试表明聚合物的形貌及结构重排与溶剂极性、溶解度和退火时间有关。并且最终基于化合物 **95** 提出两个经验性的指导原则：①溶解度及溶剂的极性应该与

半导体的相关参数相匹配；②经过溶剂气相处理后的膜厚及退火时间对半导体器件具有一定影响[113]。

4. 含酰亚胺基团的共轭聚合物

在这类聚合物中，典型的代表就是 BBL(**96**)(图 2-16)。通过对聚合物溶液相自组装的调控，可以在水或甲醇等溶剂中得到大量分散良好的 BBL 纳米带，结构分析表明 BBL 的分子堆积不是传统的沿一维纳米线的轴面对面 π 堆积，而是垂直于长轴方向面对面堆积，进而 BBL 的纳米带可以装配成 n 型场效应晶体管[114]，电子迁移率为 $7 \times 10^{-3}$ cm$^2$/(V·s)，开关比为 $10^4$。

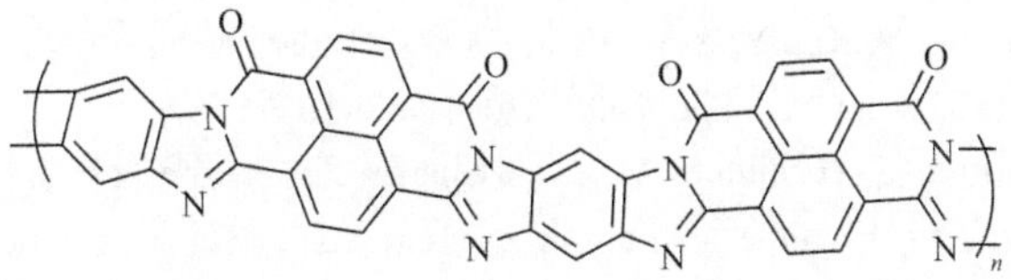

**96**

图 2-16　n 型聚合物功能材料

## 2.3　小结

目前 p 型和 n 型小分子功能材料的发展已经比较成熟。n 型小分子也已经基本解决了材料本身对空气和水不稳定的问题。对于小分子功能材料而言，更值得探究的是一些新的加工工艺，从而使得加工后的功能材料缺陷较少。聚合物功能材料因质轻、价廉、柔性良好和溶液可加工等优点在多个领域展现出优势，目前薄膜聚合物场效应晶体管的性能已经可以和 α-硅(又称无定形硅)相媲美。但薄膜的缺陷比单晶多，因此发展高质量单轴取向的聚合物微纳晶是十分有必要的。目前聚合物微纳晶的研究还比较欠缺，因此应在日后更加致力于通过单晶结构的聚合物功能材料去研究材料的构效关系。目前无论是在 p 型、n 型功能材料的设计合成，还是器件的测试及应用方面都有比较完善的理论支持，为我们日后研究有机功能材料奠定了扎实基础。

### 参 考 文 献

[1] Tang Q X, Li H X, He M, et al. Low threshold voltage transistors based on individual single-crystalline submicrometer-sized ribbons of copper phthalocyanine. Adv Mater, 2006, 18: 65-68.

[2] Aleshin A N, Lee J Y, Chu S W, et al. Mobility studies of field-effect transistor structure based on anthracene single crystals. Appl Phys Lett, 2004, 84: 5383-5385.

[3] Goldmann C, Haas S, Krellner C, et al. Hole mobility in organic single crystals measured by a "flip-crystal" field effect technique. J Appl Phys, 2004, 96: 2080-2086.

[4] Kelley T W, Muyres D V, Baude P F, et al. High performance organic thin film transistors. Mat Res Soc Symp Proc, 2003, 771: 169-179.

[5] Jurchescu O D, Popinciuc M, van Wees B J, et al. Interface-controlled, high mobility organic transistors. Adv Mater, 2007, 19: 688-692.

[6] Watanabe M, Chang Y J, Liu S W, et al. The synthesis, crystal structure and charge transport properties of hexacene. Nat Chem, 2012, 4: 574-578.

[7] Okamoto H, Kawasaki N, Kaji Y, et al. Air-assisted high-performance field-effect transistor with thin films of picene. J Am Chem Soc, 2008, 130: 10470-10471.

[8] Kotani M, Kakinuma K, Yoshimura M, et al. Charge carrier transport in high purity perylene single crystal studied by time-of-flight measurements and through field effect transistor characteristics. Chem Phys, 2006, 325: 160-169.

[9] Jiang L, Fu Y Y, Li H X, et al. Single-crystalline, size, and orientation controllable nanowires and ultralong microwires of organic semiconductor with strong photoswitching property. J Am Chem Soc, 2008, 130: 3937-3941.

[10] Wang C L, Liu Y L, Ji Z Y, et al. Cruciforms: Asssembling single crystal micro- and nanostructures from one to three dimensions and their applications in organic field-effect transistors. Chem Mater, 2009, 21: 2840-2845.

[11] Jiang L, Hu W P, Wei Z M, et al. High-performance organic single-crystal transistors and digital inverters of an anthracene derivative. Adv Mater, 2009, 21: 3649-3653.

[12] Chung D S, Park J W, Park J H, et al. High mobility organic single crystal transistors based on soluble triisopropylsilylethynyl anthracene derivatives. J Mater Chem, 2010, 20: 524-530.

[13] Kim K H, Bae S Y, Kim Y S, et al. Highly photosensitive J-aggregated single-crystalline organic transistors. Adv Mater, 2011, 23: 3095-3099.

[14] Hur J A, Shin J, Lee T W, et al. Highly crystalline 2,6,9,10-tetrakis((4-hexylphenyl)ethynyl) anthracene for efficient solution-processed field-effect transistors. Bull Korean Chem Soc, 2012, 33: 1653-1658.

[15] Sundar V C, Zaumseil J, Podzorov V, et al. Elastomeric transistor stamps: Reversible probing of charge transport in organic crystals. Science, 2004, 303: 1644-1646.

[16] Moon H, Zeis R, Borkent E J, et al. Synthesis, crystal structure, and transistor performance of tetracene derivatives. J Am Chem Soc, 2004, 126: 15322-15323.

[17] Chi X, Li D, Zhang H, et al. 5,6,11,12-Tetrachlorotetracene, a tetracene derivative with π-stacking structure: The synthesis, crystal structure and transistor properties. Org Electron, 2008, 9: 234-240.

[18] Kunugi Y, Arai T, Kobayashi N, et al. Single crystal organic field-effect transistors based on 2,8-diphenyl and dinaphthyl chrysenes. J Photopolym Sci Technol, 2011, 24: 345-348.

[19] Li H, Giri G, Chung J W. et al. High-performance transistors and complementary inverters

based on solution-grown aligned organic single crystals. Adv Mater, 2012, 24: 2588-2591.
[20] Li J, Wang M, Ren S, et al. High performance organic thin film transistor based on pentacene derivative: 6,13-dichloropentacene. J Mater Chem, 2012, 22: 10496-10500.
[21] Wang M, Li J, Zhao G, et al. High performance organic field-effect transistors based on single and large-area aligned crystalline microribbons of 6,13-dichloropentacene. Adv Mater, 2013, 25: 2229-2233.
[22] He T, Zhang X, Jia J, et al. Three-dimensional charge transport in organic semiconductor single crystals. Adv Mater, 2012, 24: 2171-2175.
[23] Anthony J E. Functionalized acenes and heteroacenes for organic electronics. Chem Rev, 2006, 106: 5028-5048.
[24] Gao J H, Li R J, Li L Q, et al. High-performance field-effect transistor based on dibenzo[d,d']thieno[3,2-b;4,5-b']dithiophene, an easily synthesized semiconductor with high ionization potential. Adv Mater, 2007, 19: 3008-3011.
[25] Takimiya K, Kunugi Y, Otsubo T. Development of new semiconducting materials for durable high-performance air-stable organic field-effect transistors. Chem Lett, 2007, 36: 578-583.
[26] Yammoto T, Takimiya K. Facile synthesis of highly π-extended heteroarenes, dinaphtho[2,3-b:2',3'-f]chalcogenopheno[3,2-b]chalcogenophenes, and their application to field-effect transistors. J Am Chem Soc, 2007, 129: 2224-2225.
[27] Niimi K, Shinamura S, Osaka I, et al. Dianthra[2,3-b:2',3'-f]thieno[3,2-b]thiophene (DATT): Synthesis, characterization, and FET characteristics of new π-extended heteroarene with eight fused aromatic rings. J Am Chem Soc, 2011, 133: 8732-8739.
[28] Takimiya K, Ebata H, Sakamoto K, et al. 2,7-diphenyl[1]benzothieno[3,2-b]benzothiophene, a new organic semiconductor for air-stable organic field-effect transitors with mobilities up to $2.0 cm^2 \cdot V^{-1} \cdot s^{-1}$. J Am Chem Soc, 2006, 128: 12604-12605.
[29] Haas S, Takahashi Y, Takimiya K, et al. High-performance dinaphtho-thieno-thiophene single crystal field-effect transistors. Appl Phys Lett, 2009, 95: 022111.
[30] Li R, Jiang L, Meng Q, et al. Micrometer-sized organic single crystals, anisotropic transport, and field-effect transistors of a fused-ring thienoacene. Adv Mater, 2009, 21: 4492-4495.
[31] Li R, Dong H, Zhan X, et al. Single crystal ribbons and transistors of a solution processed sickle-like fused-ring thienoacene. J Mater Chem, 2010, 20: 6014-6018.
[32] Yamada K, Okamoto T, Kudoh K, et al. Single-crystal field-effect transistors of benzoannulated fused oligothiophenes and oligoselenophenes. Appl Phys Lett, 2007, 90: 072102.
[33] Gao P, Beckmann D, Tsao H N, et al. Dithieno[2,3-d;2',3'-d']benzo[1,2-b;4,5-b']dithiophene (DTBDT) as semiconductor for high-performance, solution-processed organic field-effect transistors. Adv Mater, 2009, 21: 213-216.
[34] Wang C, Dong H, Hu W, et al. Semiconducting π-conjugated systems in field-effect transistors: A material odyssey of organic electronics. Chem Rev, 2011, 112: 2208-2267.
[35] Dong H, Wang C, Hu W. High performance organic semiconductors for field-effect transistors. Chem Commun, 2010, 46: 5211-5222.
[36] Dong H, Fu X, Liu J, et al. 25th anniversary article: Key points for high-mobility organic

field-effect transistors. Adv Mater, 2013, 25: 6158-6183.
[37] Li R, Hu W, Liu Y, et al. Micro- and nanocrystals of organic semiconductors. Acc Chem Res, 2010, 43: 529-540.
[38] Payne M M, Parkin S R, Anthony J E, et al. Organic field-effect transistors from solution-deposited functionalized acenes with mobilities as high as 1 cm$^2 \cdot$ V$^{-1} \cdot$ s$^{-1}$. J Am Chem Soc, 2005, 127: 4986-4987.
[39] Goetz K P, Li Z, Ward J W, et al. Effect of acene length on electronic properties in 5-, 6-, and 7-ringed heteroacenes. Adv Mater, 2011, 23: 3698-3703.
[40] Subramanian S, Park S K, Parkin S R, et al. Chromophore fluorination enhances crystallization and stability of soluble anthradithiophene semiconductors. J Am Chem Soc, 2008, 130: 2706-2707.
[41] Meng H, Zheng J, Lovinger A J, et al. Oligofluorene-thiophene derivatives as high-performance semiconductors for organic thin film transistors. Chem Mater, 2003, 15: 1778-1787.
[42] Amin A Y, Khassanov A, Reuter K, et al. Low-voltage organic field effect transistors with a 2-tridecyl[1]benzothieno[3,2-b][1]benzothiophene semiconductor layer. J Am Chem Soc, 2012, 134: 16548-16550.
[43] Minemawari H, Yamada T, Matsui H, et al. Inkjet printing of single-crystal films. Nature, 2011, 475: 364-367.
[44] Sokolov A N, Mondal R, Akkerman H B, et al. From computational discovery to experimental characterization of a high hole mobility organic crystal. Nat Commun, 2011, 2: 437-444.
[45] Jiang H, Yang X, Cui Z, et al. Phase dependence of single crystalline transistors of tetrathiafulvalene. Appl Phys Lett, 2007, 91: 123505.
[46] Mas-Torrent M, Durkut M, Hadley P, et al. High mobility of dithiophene-tetrathiafulvalene single-crystal organic field effect transistors. J Am Chem Soc, 2004, 126: 984-985.
[47] Mas-Torrent M, Hadley P, Bromley S T, et al. Correlation between crystal structure and mobility in organic field-effect transistors based on single crystals of tetrathiafulvalene derivatives. J Am Chem Soc, 2004, 126: 8546-8553.
[48] Leufgen M, Rost O, Gould C, et al. High-mobility tetrathiafulvalene organic field-effect transistors from solution processing. Org Electron, 2008, 9: 1101-1106.
[49] Takahashi Y, Hasegawa T, Horiuchi S, et al. High mobility organic field-effect transistor based on hexamethylenetetrathiafulvalene with organic metal electrodes. Chem Mater, 2007, 19: 6382-6384.
[50] Sun Y, Tan L, Jiang S, et al. High-performance transistor based on individual single-crystalline micrometer wire of perylo[1,12-b,c,d]thiophene. J Am Chem Soc, 2007, 129: 1882-1883.
[51] Tan L, Jiang W, Jiang L, et al. Single crystalline microribbons of perylo[1,12-b,c,d] selenophene for high performance transistors. Appl Phys Lett, 2009, 94: 153306.
[52] Guo Y, Du C, Yu G, et al. High-performance phototransistors based on organic microribbons prepared by a solution self-assembly process. Adv Funct Mater, 2010, 20: 1019-1024.
[53] Zhou Y, Liu W, Ma Y, et al. Single microwire transistors of oligoarenes by direct solution process. J Am Chem Soc, 2007, 129: 12386-12387.

[54] Zhou Y, Lei T, Wang L, et al. High-performance organic field-effect transistors from organic single-crystal microribbons formed by a solution process. Adv Mater, 2010, 22: 1484-1487.
[55] Jiang L, Dong H, Meng Q, et al. Millimeter-sized molecular monolayer two-dimensional crystals. Adv Mater, 2011, 23: 2059-2063.
[56] Jiang W, Zhou Y, Geng H, et al. Solution-processed, high-performance nanoribbon transistors based on dithioperylene. J Am Chem Soc, 2011, 133: 1-3.
[57] Zhao H, Jiang L, Dong H, et al. Influence of intermolecular N—H⋯π interactions on molecular packing and field-effect performance of organic semiconductors. ChemPhysChem, 2009, 10: 2345-2348.
[58] Jiang H, Zhao H, Zhang K K, et al. High-performance organic single-crystal field-effect transistors of indolo[3,2-b]carbazole and their potential applications in gas controlled organic memory devices. Adv Mater, 2011, 23: 5075-5080.
[59] Wei Z, Hong W, Geng H, et al. Organic single crystal field-effect transistors based on 6H-pyrrolo[3,2-b:4,5-b']bis[1,4]benzothiazine and its derivatives. Adv Mater, 2010, 22: 2458-2462.
[60] Weng S Z, Shukla P, Kuo M Y, et al. Diazapentacene derivatives as thin-film transistors materials: Morphology control in realizing high-field-effect mobility. ACS Appl Mater Interface, 2009, 1: 2071-2079.
[61] Ahmed E, Briseno A L, Xia Y, et al. High mobility single-crystal field-effect transistors from bisindoloquinoline semiconductors. J Am Chem Soc, 2008, 130: 1118-1119.
[62] Li L, Tang Q, Li H, et al. An ultra closely π-stacked organic semiconductor for high performance field-effect transistors. Adv Mater, 2007, 19: 2613-2617.
[63] Sokolov A N, Tee B C K, Bettinger C J, et al. Chemical and engineering approaches to enable organic field-effect transistors for electronic skin applications. Acc Chem Res, 2012, 45: 361-371.
[64] Mitsui C, Soeda J, Miwa K, et al. Naphtho[2,1-b:6,5-b']difuran: A versatile motif available for solution-processed single-crystal organic field-effect transistors with high hole mobility. J Am Chem Soc, 2012, 134: 5448-5451.
[65] Shirota Y, Kageyama H. Charge carrier transporting molecular materials and their applications in devices. Chem Rev, 2007, 107: 953-1010.
[66] Shirota Y. Photo- and electroactive amorphous molecular materials: Molecular design, synthses, reactions, properties, and applications. J Mater Chem, 2005, 15: 75-93.
[67] Song Y B, Di C A, Yang X D, et al. A cyclic triphenylamine dimer for organic field-effect transistors with high performance. J Am Chem Soc, 2006, 128: 15940-15941.
[68] Jones B A, Facchetti A, Wasielewski M R, et al. Tuning orbital energetics in arylene diimide semiconductors. Materials design for ambient stability of n-type charge transport. J Am Chem Soc, 2007, 129: 15259-15278.
[69] Katz H E, Lovinger A J, Johnson J, et al. A soluble and air-stable organic semiconductor with high electron mobility. Nature, 2000, 404: 478-481.
[70] Katz H E, Otsuki J, Yamazaki K, et al. Unsymmetrical n-channel semiconducting

naphthalenetetracarboxylic diimides assembled via hydrogen bonds. Chem Lett, 2003, 32: 508-509.

[71] Newman C R, Frisbie C D, da Silva Filho D A, et al. Introduction to organic thin film transistors and design of n-channel organic semiconductors. Chem Mater, 2004, 16: 4436-4451.

[72] de Leeuw D M, Simenon M M J, Brown A R, et al. Stability of n-type doped conducting polymers and consequnces for polymeric microelectronic devices. Synth Met, 1997, 87: 53-59.

[73] Laquindanum J Q, Katz H E, Dodabalapur A, et al. n-Channel organic transistor materials based on naphthalene frameworks. J Am Chem Soc, 1996, 118: 11331-11332.

[74] Shukla D, Nelson S F, Freeman D C, et al. Thin-film morphology control in naphthalene-diimide-based semiconductors: High mobility n-type semiconductor for organic thin-film transistors. Chem Mater, 2008, 20: 7486-7491.

[75] Oh J H, Suraru S L, Lee W Y, et al. High-performance air-stable n-type organic transistors based on core-chlorinated naphthalene tetracarboxylic diimides. Adv Funct Mater, 2010, 20: 2148-2156.

[76] Molinari A S, Alves H, Chen Z, et al. High electron mobility in vacuum and ambient for PDIF-CN$_2$ single-crystal transistors. J Am Chem Soc, 2009, 131: 2462-2463.

[77] Gsanger M, Oh J H, Konemann M, et al. A crystal-engineered hydrogen-bonded octachloroperylene diimide with a twisted core: An n-channel organic semiconductor. Angew Chem Int Ed, 2010, 49: 740-743.

[78] Lv A, Li Y, Yue W, et al. High performance n-type single crystalline transistors of naphthalene bis(dicarboximide) and their anisotropic transport in crystals. Chem Commun, 2012, 48: 5154-5156.

[79] Mondal S, Lin W H, Chen Y C, et al. Solution-processed single-crystal perylene diimide transistors with high electron mobility. Org Electron, 2015, 23: 64-69.

[80] Lv A, Puniredd S R, Zhang J, et al. High mobility, air stable, organic single crystal transistors of an n-type diperylene bisimide. Adv Mater, 2012, 24: 2626-2630.

[81] Yue W, Lv A, Gao J, et al. Hybrid rylene arrays via combination of stille coupling and C—H transformation as high-performance electron transport materials. J Am Chem Soc, 2012, 134: 5770-5773.

[82] Gao X, Di C, Hu Y, et al. Core-expanded naphthalene diimides fused with 2-(1,3-dithiol-2-ylidene)malonitrile groups for high-performance, ambient-stable, solution-processed n-channel organic thin film transistors. J Am Chem Soc, 2010, 132: 3697-3699.

[83] Lei T, Wang J Y, Pei J. Design, synthesis, and structure-property relationships of isoindigo-based conjugated polymers. Acc Chem Res, 2014, 47: 1117-1126.

[84] Lei T, Dou J H, Cao X Y, et al. Electron-deficient poly(p-phenylene vinylene) provides electron mobility over 1 cm$^2 \cdot$ V$^{-1} \cdot$ s$^{-1}$ under ambient conditions. J Am Chem Soc, 2013, 135: 12168-12171.

[85] Dou J H, Zheng Y Q, Yao Z F, et al. A cofacially stacked electron-deficient small molecule communication with high electron mobility over 10 cm$^2 \cdot$ V$^{-1} \cdot$ s$^{-1}$ in air. Adv Mater, 2015, 27: 8051-8055.

[86] Dou J H, Zheng Y Q, Yao Z F, et al. Fine-tuning of crystal packing and charge transport properties of BDOPV derivatives through fluorine substitution. J Am Chem Soc, 2015, 137: 15947-15956.
[87] Miao Q. N-Heteropentacenes and N-heteropentacenequiones: From molecules to semiconductors. Synlett, 2012, 23: 326-336.
[88] Islam M M, Pola S, Tao Y T. High mobility n-channel single-crystal field-effect transistors based on 5,7,12,14-tetrachloro-6,13-diazapentacene. Chem Commun, 2011, 47: 6356-6358.
[89] Wang C, Liang Z, Liu Y, et al. Single crystal n-channel field effect transistors from solution-processed silylethynylated tetraazapentacene. J Mater Chem, 2011, 21: 15201-15204.
[90] Wang C, Zhang J, Long G, et al. Synthesis, structure, and air-stable n-type field-effect transistor behaviors of functonalized octaazanonacene-8,19-dione. Angew Chem Int Ed, 2015, 54: 6292-6296.
[91] de Oteyza D G, Barrena E, Osso J O, et al. Controlled enhancement of the electron field-effect mobility of $F_{16}CuPc$ thin-film transistors by use of functionalized $SiO_2$ substrates. Appl Phys Lett, 2005, 87: 183504.
[92] Bao Z, Lovinger A J, Brown J. New air-stable n-channel organic thin film transistors. J Am Chem Soc, 1998, 120: 207-208.
[93] Tang Q, Li H, Liu Y, et al. High-performance air-stable n-type transistors with an asymmetrical device configuration based on organic single-crystalline submicrometer/nanometer ribbons. J Am Chem Soc, 2006, 128: 14634-14639.
[94] Tang Q, Li L, Song Y, et al. Photoswitches and phototransistors from organic single-crystalline sub-micro/nanometer ribbons. Adv Mater, 2007, 19: 2624-2628.
[95] Yamagishi M, Tominari Y, Uemura T, et al. Air-stable n-channel single-crystal transistors with negligible threshold gate voltage. Appl Phys Lett, 2009, 94: 053305.
[96] Anthopoulos T D, Singh B, Marjanovic N, et al. High performance n-channel organic field-effect transistors and ring oscillators based on $C_{60}$ fullerene films. Appl Phys Lett, 2006, 89: 213504.
[97] Akkerman H B, Chang A C, Verploegen E, et al. Fabrication of organic semiconductor crystalline thin films and crystals from solution by confined crystallization. Org Electron, 2012, 13: 235-243.
[98] Zhang X H, Domercq B, Kippelen B. High-performance and electrically stable $C_{60}$ organic field-effect transistors. Appl Phys Lett, 2007, 91: 092114.
[99] Singh T B, Marjanovic N, Stadler P, et al. Fabrication and characterization of solution-processed methanofullerene-based organic field-effect transistors. J Appl Phys, 2005, 97: 083714.
[100] Lee T W, Byun K, Koo B W, et al. All-solution-processed n-type organic transistors using a spinning metal process. Adv Mater, 2005, 17: 2180-2184.
[101] Chikamatsu M, Nagamatsu S, Yoshida Y, et al. Solution-processed n-type organic thin-film transistors with high field-effect mobility. Appl Phys Lett, 2005, 87: 203504.
[102] Chikamatsu M, Itakura A, Yoshida Y, et al. High-performance n-type organic thin-film

transistors based on solution-processed perfluoroalkyl-substituted $C_{60}$ derivatives. Chem Mater, 2008, 20: 7365-7367.

[103] Kim D H, Han J T, Park Y D, et al. Single-crystal polythiophene microwires grown by self-assembly. Adv Mater, 2006, 18: 719-723.

[104] Xiao X, Hu Z, Wang Z, et al. Study on the single crystals of poly(3-octylthiophene) induced by solvent-vapor annealing. J Phys Chem B, 2009, 113: 14604-14610.

[105] Wang H, Liu J, Xu Y, et al. Fibrillar morphology of derivatives of poly(3-alkylthiophene)s by solvent vapor annealing: Effects of conformational transition and conjugate length. J Phys Chem B, 2013, 117: 5996-6006.

[106] Liu C, Wang Q, Tian H, et al. Extended-chain lamellar crystals of monodisperse polyfluorenes. Polymer, 2013, 54: 2459-2465.

[107] Liu C, Wang Q, Tian H, et al. Insight into lamellar crystals of monodisperse polyfluorenes — Fractionated crystallization and the crystal's stability. Polymer, 2013, 54: 1251-1258.

[108] Brien O, Quinn A, Tanner A J. A single polymer nanowire photodetector. Adv Mater, 2006, 18: 2379-2383.

[109] Dong H, Jiang S, Jiang L, et al. Nanowire crystals of a rigid rod conjugated polymer. J Am Chem Soc, 2009, 131: 17315-17320.

[110] Wang S, Kappl M, Liebewirth I, et al. Organic field-effect transistors based on highly ordered single polymer fibers. Adv Mater, 2012, 24: 417-420.

[111] Kim J H, Lee D H, Yang D S, et al. Novel polymer nanowire crystals of diketopyrrolopyrrole-based copolymer with excellent charge transport properties. Adv Mater, 2013, 25: 4102-4106.

[112] Liu Y, Wang H, Dong H, et al. High performance photoswitches based on flexible and amorphous D-A polymer nanowires. Small, 2013, 9: 294-299.

[113] Liu Y, Shi Q, Dong H, et al. Solvent-vapor induced self-assembly of a conjugated polymer: A correlation between solvent nature and transistor performance. Org Electron, 2012, 13: 2372-2378.

[114] Briseno A L, Mannsfeld S C B, Shamberger P J, et al. Self-assembly, molecular packing, and electron transport in n-type polymer semiconductor nanobelts. Chem Mater, 2008, 20: 4712-4719.

# 第3章

# 有机功能材料各种分子间弱相互作用力

有机共轭分子具有独特的光电性质,通常引入大的平面共轭结构可以提升材料的载流子传输性能。而为了更好地协调分子共轭平面大小、骨架刚性与溶解度之间的关系,需要在其共轭平面的外围引入脂肪链或大位阻基团。随着对分子间相互作用的认识逐渐深入,人们发现,特定结构官能团的引入,可以在分子水平赋予材料特定的分子间弱相互作用力,控制分子的聚集过程以及空间排列的有序性,使分子自组装并形成微纳结构(最小可达1 nm左右),从而实现对有机材料性能的调控。相对于纳米压印等"自上而下"的复杂制备方法,利用分子间弱相互作用力制备纳米级有机功能材料的方法更加简单、灵活。科学家正通过深入而系统的研究,逐步揭开分子结构与其电学性能之间的关系。

一般认为,分子间的弱相互作用主要有范德瓦耳斯作用、氢键、金属-配体相互作用、静电作用、π-π相互作用、S…S相互作用、给受体相互作用、疏水作用、偶极-偶极相互作用等多种形式。有机分子的自组装过程就是通过这些分子与分子之间的非共价键作用而形成具有一定结构和功能的聚集体的过程。这个过程是自发的,无需借助外力。表3-1列举了共价键与弱相互作用之间的作用能区别[1, 2]。

表3-1 分子间相互作用的类型与强度

| 作用类型 | 作用能/(kJ/mol) |
| --- | --- |
| 共价键 | 100~400 |
| 范德瓦耳斯作用 | <5 |
| π-π相互作用 | 0~50 |
| 疏水作用 | 5~50 |

续表

| 作用类型 | 作用能/(kJ/mol) |
| --- | --- |
| 氢键 | 10～65 |
| 金属-配体相互作用 | 0～400 |
| 静电作用 | 250 |
| 偶极-偶极相互作用 | 5～50 |

相比共价键，虽然分子间弱相互作用力的强度较低，但是由于其具有良好的可逆性，而且在室温条件下即可形成，这对于构筑复杂的有机聚集体结构非常重要。下面我们将对这些分子间弱相互作用力的结构特点和作用方式进行介绍。

## 3.1 范德瓦耳斯作用

范德瓦耳斯作用是邻近的原子核靠近极化的电子云而产生的一种较弱的吸引力，其本质上是一种弱静电作用，作用能一般不足 10 kJ/mol，比化学键的键能小 1～2 个数量级。范德瓦耳斯作用通常产生于可极化的分子之间，由三部分组成：取向力、诱导力和色散力。由于范德瓦耳斯作用没有方向性，在单独利用该作用力设计超分子体系时对于主客体分子的选择具有很大的局限性，因此范德瓦耳斯作用常与其他一些非共价作用力共同作用来构筑超分子聚集体。

## 3.2 金属-配体相互作用

金属-配体相互作用是通过配体的孤对电子与中心金属的作用而形成的，配体向金属离子提供电子，金属离子也可以将电子转向配体形成反馈 π 键。金属与配体之间的相互作用能很大，而且方向性很强，作用方向由配位的构型决定。

通过金属-配体相互作用形成的有机聚集体体系中起关键作用的是金属配位键，中心金属包括 Mn、Fe、Ru、Os、Co、Ir、Ni、Pt、Cu、Ag、Zn、Cd 和 Hg 等，配体有席夫碱、大环冠醚、羧基及吡啶衍生物等。

金属-配体相互作用最常见的应用之一是构筑模拟光合作用的光敏分子聚集体[3,4]。卟啉或酞菁分子由于自身具有配位空腔，可以与金属离子配位，因此常作为聚集体的构筑单元。作为电子给体片段,卟啉或酞菁分子可以与电子受体片段,如富勒烯相结合来模拟光合作用[5]。

文献报道,含氮杂环的官能团,如吡啶、咪唑等结构以共价键形式与富勒烯相连之后[6-8],可以通过金属-配体相互作用使作为电子受体的富勒烯与作为电子给体的金属化卟啉或酞菁在空间上相互靠近,光照作用下即可发生电子转移。例如,对富勒烯与锌卟啉配合物的单晶分析显示,富勒烯与锌卟啉以1∶1的比例结合形成聚集体。需要注意的是,如果溶剂分子具有竞争配位作用的能力,作为电子受体的富勒烯就会被溶剂分子替换掉,导致聚集体结构的破坏[6-8]。

为了获得更大的超分子聚集体,一种可能的方法是制备具有多个配位官能团的分子。然而,当将卟啉二聚体分子与一个含两个吡啶官能团的富勒烯分子配位时,两个卟啉片段更倾向与同一个富勒烯分子配位形成1∶1的聚集体,而非超分子聚合物(图3-1)[9]。

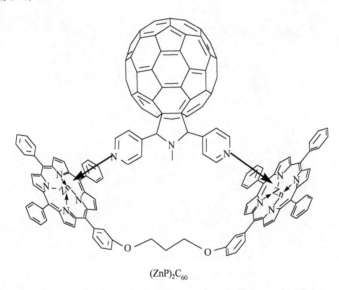

图3-1 二吡啶取代的富勒烯与卟啉二聚体形成的1∶1复合物[9]

Fukuzumi、D'Souza、Crossley课题组提出了另一种制备更大的配位型超分子聚集体的方法,他们制备了1~3代的PAMAM树枝状分子,并将4、8、16个卟啉片段分别连接在其外围(图3-2),此时相应数目的连有吡啶结构的富勒烯片段即可通过配位作用与树枝状分子结合(图3-3)[10]。得益于树枝状效应,在富勒烯片段发生电子转移之前,该类分子的卟啉片段之间即可以获得高效的激子迁移。

由于配位键键角的固定性,利用配位键构筑的超分子聚集体具有很好的结构可预测性,因此可以设计合成一系列新颖的二维和三维微纳结构。由Fujita和Stang

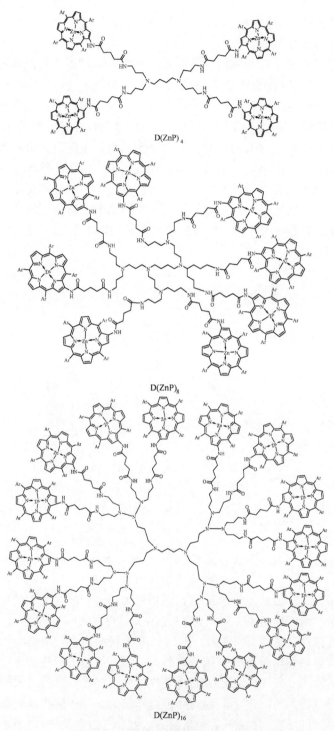

图 3-2  含卟啉的树枝状大分子[9]

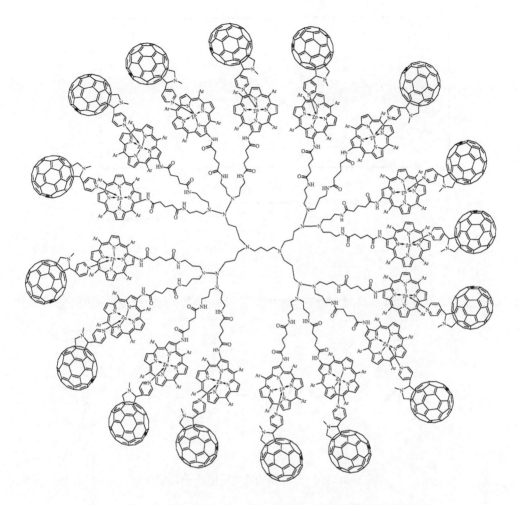

图 3-3　含卟啉的树枝状大分子与富勒烯分子配位之后的化学结构图[10]

课题组发展建立起来的分子工程就是先设计合成出具有特定几何形状和立体构型的预组装分子，再通过配位作用形成自组装超分子结构[11-14]。此策略中使用刚性的、具有强方向性的多分枝单齿配体和部分不饱和配位的过渡金属配合物，通过电子给受体分子之间结合位点的角度关系，可以获得具有各种结构的超分子体系。这些超分子结构包括二维的格子结构(如网格、架子、梯子)、纤维结构(如棒状、树枝状)、交错结构(如轮烷、索烃等)以及分子多边形和分子笼等，如图 3-4 所示。其中，三维笼状结构可以用作纳米反应器，对于其内部发生的化学反应有一定的区域选择性和立体选择性。随着研究工作的不断深入，基于金属配体作用形成的纳米超分子体系的特性和潜在应用正逐渐被开发出来。

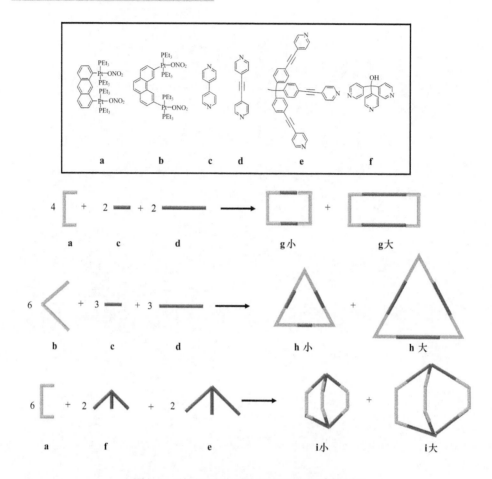

图 3-4 利用配位作用构筑多样超分子结构[11]

以梯形结构为例，Hupp 课题组发展了一类梯形的配位结构，表现出了优异的电子转移性质(图 3-5)[15]。他们将锌卟啉的三聚体通过联二炔结构在对位连接，作为梯子的扶手；将二吡啶衍生物与卟啉配位，作为梯子的横木。他们将这两种分子在甲苯中溶解，即可通过配位作用自组装形成梯形聚集体，其结合的化学计量比是 2∶3。光激发下的电子转移过程发生之后，由于空穴可以在三个卟啉结构中离域，因此可以获得非常长的电荷分离态寿命。

此外，引入金属离子或金属配合物，利用金属与配体的模板效应可以构建轮烷、索烃等机械互锁型超分子。它们不仅结构特殊，而且具有许多特殊的性质，在光、电、磁、机械运动、电子转移和能量转移等方面都有广泛的应用及研究意义。自然界演化出很多具有催化活性的酶，能够连接到生物聚合体上，它们有着与轮烷相似的结构，是由长链分子或者长链聚合物穿过一个大环构成的。

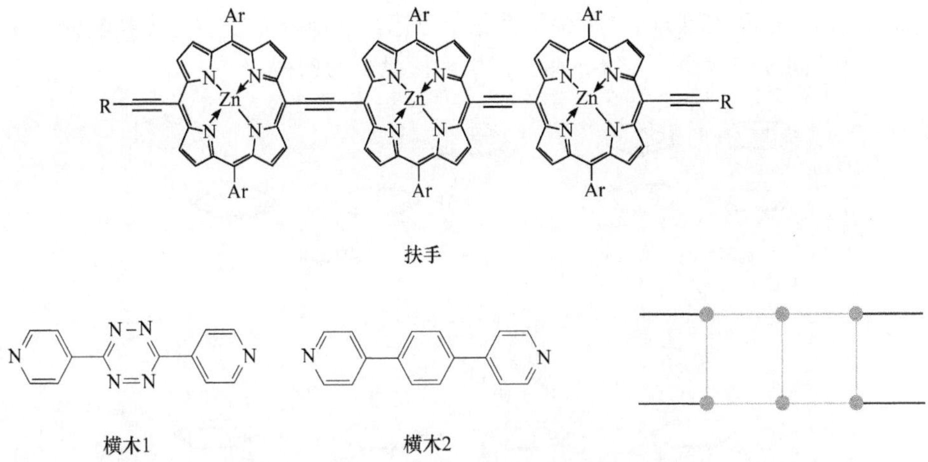

扶手

横木1　　　横木2

图 3-5　锌卟啉的三聚体与二吡啶衍生物形成的梯形聚集体结构式[15]

2003 年，Thordarson 课题组合成了一种能够模拟自然界酶催化性能的轮烷[16]。这种轮烷由卟啉锰配合物和穿过配合物空穴的聚丁二烯长链所组成，其中锰原子嵌在卟啉的空穴中。卟啉锰配合物可以在圆形空穴中催化聚丁二烯双键的氧化，连接在圆形空穴外的配体可以活化锰的卟啉配合物，并可以阻止锰的卟啉配合物催化氧化空穴以外的烯烃。卟啉锰配合物在氧化聚丁二烯的同时还能沿着聚丁二烯长链移动，作用类似于生物酶。

## 3.3　π-π 相互作用

π-π 相互作用是指 π 体系分子间的吸引作用。一般认为 π-π 相互作用主要由以下三种作用引起：范德瓦耳斯作用、分子之间的静电作用和溶液中芳香环之间的去溶剂化作用。

根据 π-π 相互作用表现出的几何特征，一般可分为两大类：平行堆积(parallel stacking)和相交堆积(perpendicular stacking)，如图 3-6 所示。其中平行堆积又包括面面堆积(face-to-face stacking)和偏移堆积(offset/slipped/displaced stacking)[17-22]。面面堆积的特点在于相互作用的环面彼此平行，且平行环面中心的距离与环面之间的距离几乎相等[一般为(3.6 ± 0.4)Å]。这种构型的 π-π 相互作用是静电互斥的，在能量上不利；与面面堆积不同，偏移堆积的环面彼此平行，但环中心有一定的偏移，即环中心的距离大于环面间的距离。这种构型大大缓解了两个环面间的互斥作用，相应增加了 σ-π 相互作用。相交堆积又称为边面堆积(edge-on or edge-to-face stacking），这种构型常见于范德瓦耳斯表面较小的环共轭分子间，它们的分子间斥力最小，是 π-π 相互作用能量最小的构型。

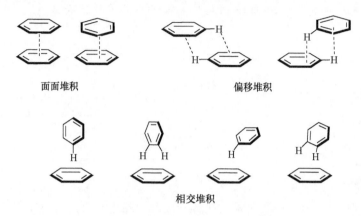

图 3-6　π-π 相互作用的三种类型

在以非共价作用为基础的超分子化学领域中，芳香环体系的分子自组装大多是在 π-π 相互作用的直接或间接驱动下实现的。稠环共轭分子，如六苯并蔻(HBC)、卟啉和苝二酰亚胺分子衍生物的自组装研究最多，也最具代表性[23-29]。这些分子同时具有一个平面芳香环内核骨架和外围多取代的柔性烷基侧链，内核的强 π-π 相互作用使得圆盘状分子无论是在极性溶剂还是非极性溶剂中都易于发生聚集，平面芳香环的可极化性则使得分子能够很好地形成面面堆积。

2004 年，Fukushima、Aida 课题组报道了通过将六苯并蔻骨架两侧分别修饰疏水链和亲水链，利用分子间 π-π 相互作用和烷基链间的疏水作用在四氢呋喃溶液中形成一维纳米管状结构，该纳米管壁厚 3 nm，直径为 14 nm[23]。更为重要的是，在水和四氢呋喃的混合溶剂中，该分子可以实现从紧密纳米管状结构向螺旋管状结构的转换。Aida 教授对其结构及电镜图分析后认为管壁由双层分子组成，并提出了可能的组装模型：管内外壁均覆盖亲水的三甘醇链，π-π 堆积的六苯并蔻片段以螺旋状沿管壁排列。该管状结构被进一步加工成纳米电导器件，在中性状态下，该纳米管并不导电；当被 NOBF$_4$ 氧化后，纳米管表现出欧姆电学行为，表明电子可以在这种密堆积的管状结构中传导，为分子电子学领域提供了一种新型设计策略。另外，组装体特定的形貌允许对其表面进行化学修饰，将硫脲离子片段引入亲水链的末端并不会改变组装形貌，管状形貌仍保持良好的分散性，通过氢键作用结合的受体-含氧阴离子，如蒽醌羧酸盐，可通过光诱导产生从管壁到客体分子的电子转移[30]。

在之后的工作中，Aida 课题组将各种电子受体片段(如富勒烯[25]、多硝基芴酮[27]等)通过柔性链连接在六苯并蔻的末端，合成了一系列给受体型分子。其中，连接富勒烯片段的六苯并蔻化合物也可以在溶液中自组装成纳米管状结构，纳米管壁厚 4.5 nm，直径为 22 nm。由于富勒烯具有良好的电子传输能力，六苯并蔻具有良好的空穴传输能力，因此纳米管表现出双极的场效应晶体管传输性能。此外，具有光致变色效应的二芳基乙烯结构也可被连接在六苯并蔻结构末端，并在溶液中自组装成相似的纳米管状结构[24]。研究发现，在纳米管的聚集态下，二芳基乙烯结构依旧可以在可见光-紫外光的作用下发生可逆的关环-开环反应。相比开环状态，二芳基乙烯结构关环状态下的纳米管的光电导提高了 5 个数量级。

基于六苯并蔻衍生物的超分子自组装研究得益于其六苯并蔻共轭结构之间超强的 π-π 相互作用，但是对于其他很多给受体型分子，在自组装过程中，给体与给体或受体与受体之间的 π-π 相互作用与给受体相互作用会存在竞争关系，使得组装体的堆积规整度下降，这对于电荷的分离和传输都是非常不利的。因此，往往需要在这类给受体分子的两端分别引入疏水侧链和亲水侧链，通过接枝侧链的疏水性差异来调节共轭分子的 π-π 堆积方式。

Aida 课题组合成了一类以富勒烯结构作为电子受体、寡聚噻吩作为电子给体的给受体型分子 Th-C$_{60}$-1 和 Th-C$_{60}$-2[31]（图 3-7）。对于 Th-C$_{60}$-1 而言，寡聚噻吩一端的侧链为疏水的烷基，富勒烯一端的侧链为亲水的寡聚乙二醇；而对于 Th-C$_{60}$-2，分子两端均为疏水的烷基。在自组装过程中，Th-C$_{60}$-1 形成了非常规整的双层结构，其中给体堆积结构和受体堆积结构均高度有序；而 Th-C$_{60}$-2 则形成有序度较差的单层结构，给体与受体之间的排列非常混乱。分子堆积规整度的不同也导致二者光电性能的差异，在相同测试条件下，Th-C$_{60}$-2 的光电流仅为 Th-C$_{60}$-1 的 1/10。

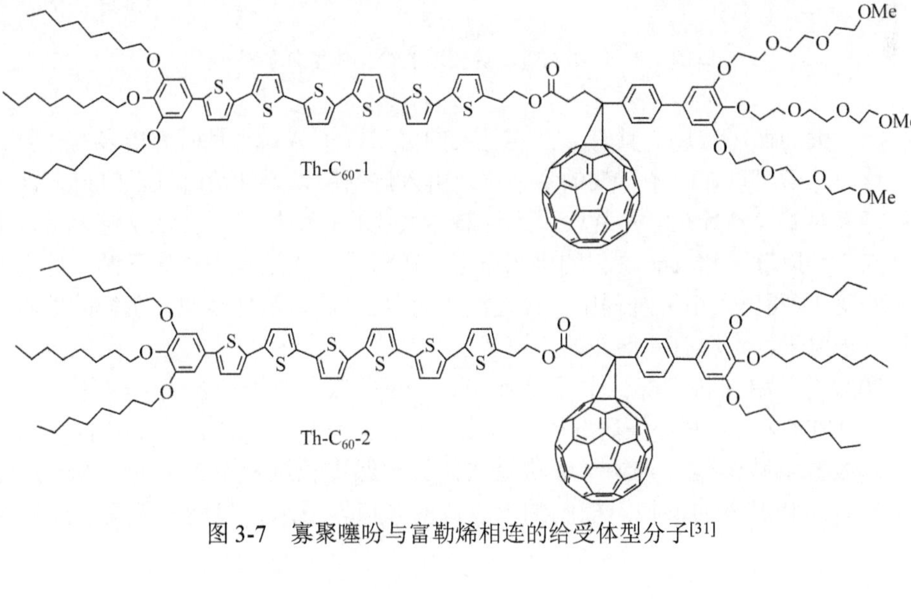

图 3-7 寡聚噻吩与富勒烯相连的给受体型分子[31]

不仅如此，给体与受体之间的化学键连接方式[32]、立体选择性[33]等细微的改变都会对最终的自组装结构产生显著的影响。以卟啉与富勒烯相连的给受体型分子 PZn-C$_{60}$ Dyad 为例（图 3-8），当给体片段和受体片段的连接基团是酯基时，自组装形成的纳米管为双层结构，给体结构和受体结构分离，自身产生 π-π 堆积，纳米管直径 32 nm，管壁厚 5.5 nm；而当连接基团是炔键时，自组装形成的纳米管为单层结构，给体和受体间的给受体作用为主导，纳米管直径为 7.5 nm，管壁厚 1.8 nm。

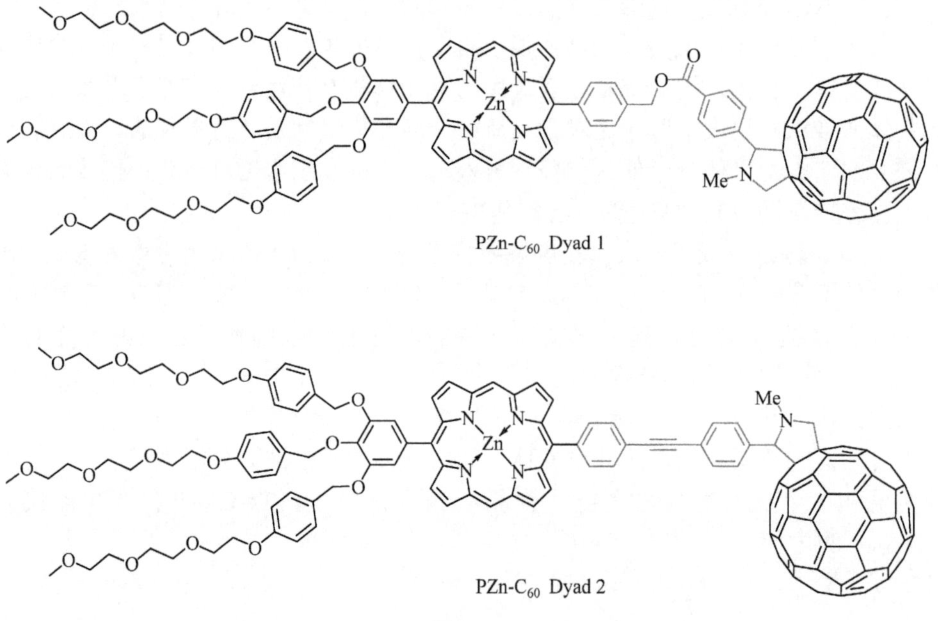

图 3-8　卟啉与富勒烯相连的给受体型分子[32]

除了大的稠环芳烃，具有 π 共轭骨架的棒状分子体系也是研究较多的一类分子。该类分子可以在分子骨架的多个位点引入烷基链以增加溶解性。Meijer 课题组将寡聚对苯撑乙烯（OPV）片段引入组装体系（图 3-9）[34, 35]，在烷基链上引入手性位点，利用氢键和 π-π 堆积的协同作用，在形成凝胶过程中诱导了圆二色光谱信号的变化，指出了组装过程中手性过渡态的存在。该组装体呈现了手性的性质，在超分子电子学领域有着潜在的应用前景。

2009 年，中国科学院化学研究所 Li(李玉良)课题组设计合成了一种 U 形卟啉分子 TPDC2[36]，并详细研究了分子在 π-π 相互作用等弱作用力的协同下从零维纳米胶囊组装体到二维纳米管状组装体的自然生长过程及其机理。他们通过对生长时间和温度的调控，控制纳米胶囊的开口以及从开口纳米胶囊逐渐生长

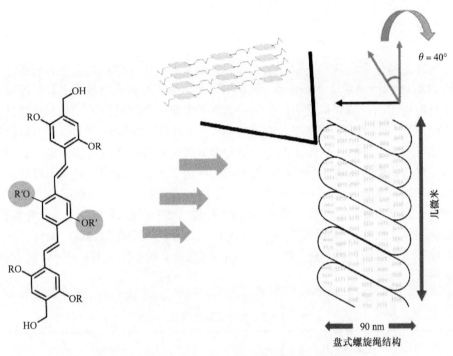

图 3-9 手性棒状分子自组装成螺旋结构机理[34]

为一维纳米管和二维纳米管结构的过程，得到了从零维到多维等不同的组装结构（图 3-10）。该研究是在自然条件下实现对聚集体生长的调控，对自组装技术的发展具有重要意义。

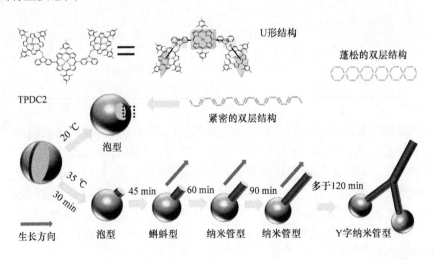

图 3-10 U 形卟啉分子 TPDC2 及其多维度纳米结构的形成过程[36]

## 3.4 氢键

氢键是超分子化学和分子组装中研究得最多的弱相互作用力之一。氢键的基本构成是 D—H⋯A，D—H 基团一般称为质子供体，A 则称为质子受体。氢键本质上是静电作用，构成单元中给体和受体都是电负性很强的原子，最常见的是由 F、O、N 形成的氢键，还有 P、S、Cl、Se、I 等原子。氢键的形成具有方向性和选择性，形成氢键后，受体上的电子云部分向供体转移，造成受体的电子云密度降低，供体的电子云密度升高，表现为 D—H 键长增长，伸缩振动频率降低，不同氢键的键长见表 3-2。一般来说，质子供体的酸性越强，受体的碱性越强，形成的氢键强度也越高。另外，受体 A 的半径越小越容易接近 D—H 中的氢原子，氢键也越强。因此当 D 和 A 为 N、O、F 时，形成的氢键是最强的。此外，还有一些非常规的氢键(弱氢键)，如 D—H⋯π 键(或称离域 π 键)、D—H⋯M 键(过渡金属离子)等。

表 3-2　各种氢键的键长

| 氢键类型 | 键长/Å |
| --- | --- |
| O—H⋯O | 2.70 |
| O—H⋯O$^-$ | 2.63 |
| O—H⋯N | 2.88 |
| N—H⋯O | 3.04 |
| N$^+$—H⋯O | 2.93 |
| N—H⋯N | 3.10 |

通过氢键组装，可以得到具有各种空间构型的超分子化合物。这些超分子化合物中多存在氰基、氨基、含氮杂环、羧基、羰基、羟基等基团或小分子。虽然和共价键相比，单一的氢键作用能很小，结合常数较低，但是多重氢键以及多个氢键之间的相互叠加和协同作用仍可获得具有较强结合能和较高稳定性的超分子聚集体。Ranganathan 课题组通过水热法合成得到了三聚氰胺和三聚氰酸 1∶1 的加合物，如图 3-11 所示，通过多组 N—H⋯O、N—H⋯N 氢键作用构成了六角形的二维平面结构[37]。

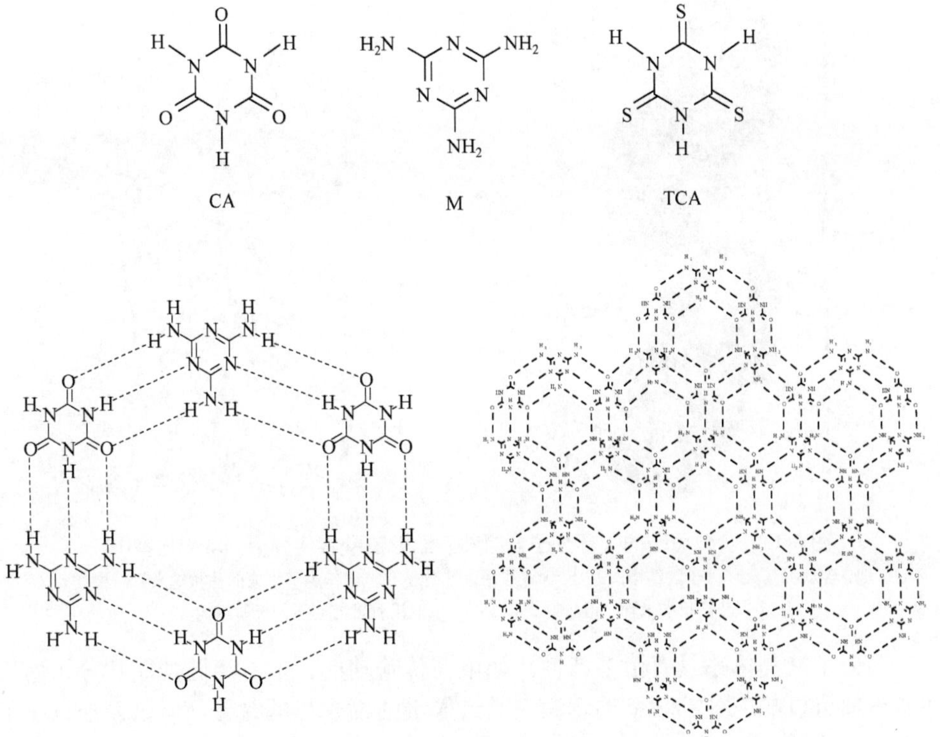

图 3-11 利用多重氢键构筑二维超分子体系[37]

Shimizu 课题组合成了一种两端含双脲基团的大环分子(图 3-12)，通过 N—H⋯O 多重氢键作用，可以组装成柱状纳米管结构，中间的空穴结构可以可逆地结合或交换乙酸等客体分子，在 180 ℃下具有显著的热稳定性。

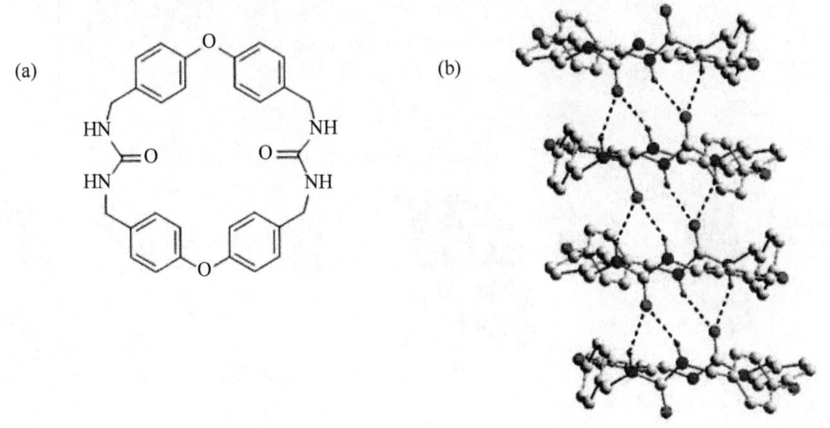

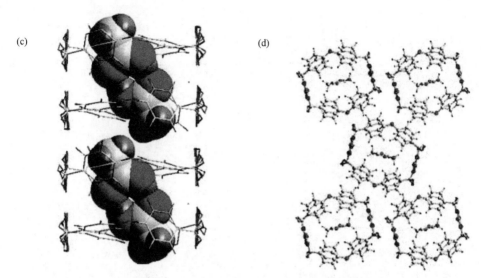

图 3-12 含双脲基的大环分子自组装及结合乙酸客体分子的堆积模型[38]
(a)含双脲基大环分子的结构式；(b)含双脲基大环分子在氢键作用下生成的柱状纳米管结构；
(c)柱状纳米管-乙酸的主客体组装；(d)沿管轴方向看的堆积结构

超分子液晶体系具有诸多特性，如电荷传输功能、信息存储功能和分子感应功能等，可以响应外部环境的刺激。通过氢键的缔合与解缔合，可以调控分子的自组装结构[39]，构筑超分子液晶体系。利用分子间氢键作用，人们已经合成了与细胞膜的磷脂双分子层具有类似结构的超分子液晶。Würthner 课题组利用具有双官能团且带有长烷基链的三聚氰胺和花菁染料分子之间的三重氢键作用自组装形成如

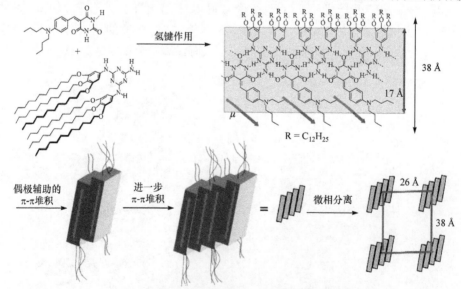

图 3-13 氢键诱导的带状结构的形成与组装模式[40]

图 3-13 所示的带状结构,并利用带状结构之间偶极辅助的 π-π 相互作用制备了稳定的热致液晶复合物[40]。该复合物呈现双向的柱状液晶相,液晶相在室温下可稳定存在。

## 3.5 静电作用

静电作用又称离子相互作用,是由阴、阳离子之间通过电子转移形成的,无饱和性和方向性,某些场合也被称为离子键或库仑力。静电作用是一类较强的非共价键作用,受温度影响小,但对体系的酸碱性非常敏感。通过改变环境的 pH 很容易实现离子键超分子体系的解离和重组。

近年来,利用星形或树枝状分子作为模板,通过离子键和带有互补分子识别基团的侧链制备多臂超分子星形聚合物的研究取得了很大的进步。如图 3-14 所示,Meijer 课题组利用带有脲基官能团的树枝状聚丙烯酰亚胺作为主体分子,和带有甘氨酸酰脲结构的羧酸或膦酸化合物通过电荷相互作用以及氢键相互作用得到了一系列具有生物活性的树枝状超分子聚合物[41]。当体系的 pH 减小时,主、客体之间相互作用减小,客体就会从树枝状大分子上脱除。

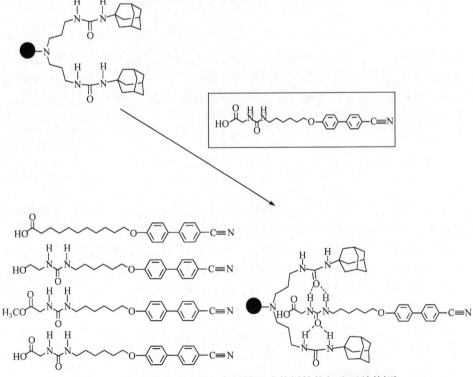

图 3-14 主客体分子片段及离子键形成的树枝状超分子结构[41]

Faul 课题组提出了一种用离子自组装的方式制备超分子功能材料的新策略(图 3-15)[1, 42-45]。这种方法首先利用具有特定功能和几何形状的带电荷染料分子与表面活性剂通过静电作用结合成基本单元，再进一步组装得到具有特殊结构和性质的超分子材料，如液晶材料、凝胶网络结构等。

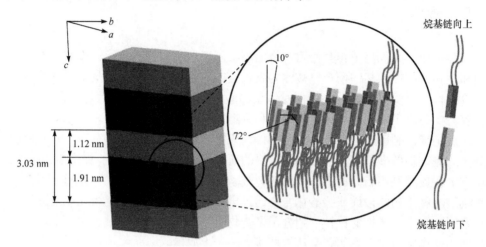

图 3-15 静电作用自组装模型[42]

此外，利用静电作用可以在基底上构筑交替层状结构。将带有负电荷的基底交替放入盛有阳离子型聚电解质和阴离子型聚电解质的烧杯中，就可以交替生长层状结构[46]。由于存在较多的强静电作用，得到的膜结构非常稳定，膜体系中留下带电荷的空腔可以选择性地吸附具有相反电荷的分子，实现纳米反应器的构筑。

## 3.6 疏水作用

疏水作用是一种方向性较差的弱相互作用，它是由水能形成氢键的强烈倾向所引起的。在水或其他极性溶剂中，非极性分子为了避开水而趋向于聚集在一起。实验证明疏水作用与范德瓦耳斯作用有相似的作用范围，但其强度远远大于范德瓦耳斯作用(10～100 倍)，相互作用距离可延伸至 10 nm。

疏水作用可以用传统的热力学解释。围绕非极性基团的水分子，相对于溶液中其他区域的水分子来说更加有序，形成一个封闭结构。水分子彼此之间形成氢键，而且很脆弱地结合在封闭结构内的基团上。当发生疏水作用时，水分子排列形成的封闭结构被破坏，这部分水进入自由水中，使水分子熵增加。因此，可以说疏水作用是熵增加驱动的结果。

疏水作用在超分子自组装过程中也是一种不可忽视的作用力。以环糊精为例，环糊精是一类由 D-吡喃葡萄糖通过 $\alpha$-1,4-糖苷键首尾相连形成的大环化合物。常见的是分别具有 6、7、8 个葡萄糖单元的 $\alpha$-环糊精、$\beta$-环糊精、$\gamma$-环糊精，它们具有不同的空腔尺寸。环糊精的外壁亲水，内腔疏水。在水中，环糊精与客体分子间的疏水作用可以用于构筑各种超分子体系[47-49]。通过在客体分子中引入响应性片段，还可以实现主、客体分子的动态平衡。

1992 年，Harada 课题组报道了聚乙二醇(PEG)与 $\alpha$-环糊精($\alpha$-CD)通过自组装形成以聚乙二醇为轴、$\alpha$-环糊精为套环的线型聚轮烷结构，用大位阻的二硝基苯封端，得到了一系列具有不同分子量的聚轮烷结构[50]。这些分子不溶于水，但可以溶于 0.1 mol/L 的 NaOH 溶液中。加入碱时，环糊精上的羟基氢被脱去，由于负电荷间的排斥作用，环糊精之间相互分离；而当加入酸时，环糊精又被酸化，发生聚集，由此实现了环糊精在轴上的类似"分子算盘"的可控运动(图 3-16)。

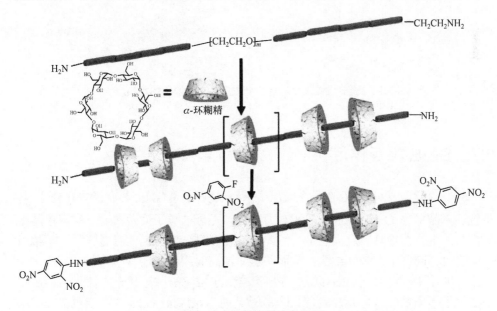

图 3-16　分子算盘的合成[50]

由于这样的聚轮烷结构可以形成水凝胶，在生物医学材料领域已经开展了大量的研究工作。2010 年，复旦大学 Jiang(江明)课题组报道了一种方便、光可控的超分子体系，可以实现准聚轮烷水凝胶可逆地分解与重组装(图 3-17)。通过在该体系中引入一个含偶氮片段的光响应性化合物[51]，在可见光和紫外光的作用下，聚乙二醇链和偶氮分子片段可以在 $\alpha$-环糊精的空腔内可逆互换，从而实现从凝胶到澄清溶液的可逆转变。

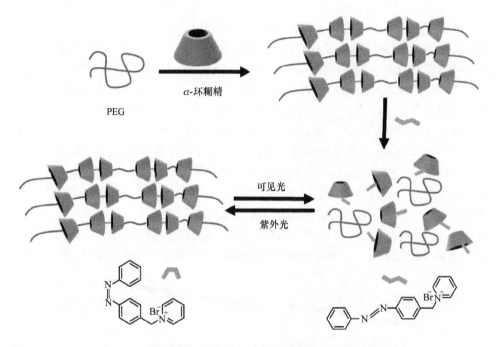

图 3-17　光响应性准聚轮烷的合成及其在光照下的组装行为

## 3.7　S⋯S 相互作用

S⋯S 相互作用广泛存在于含硫原子杂环(噻吩、噻唑等)的有机共轭分子中,是拉近单晶中分子间距离的重要驱动力之一。更近的分子间距离对于实现单晶中更高效的电荷传输具有重大意义,因此在设计有机场效应晶体管材料时,常常引入噻吩等含硫原子的杂环结构,从而获得非常高的载流子迁移率[52,53]。

2007 年,北京大学 Pei(裴坚)课题组合成了四噻吩并蒽化合物[图 3-18(a)],并研究了其场效应晶体管性能(图 3-18)[54]。随后,Perepichka 课题组也合成了该化合物及其异构体[图 3-18(b)],并且比较了两个化合物的单晶排列和场效应晶体管的器件性能[55]。在两个化合物的单晶中,都可以观察到 S⋯S 相互作用(S⋯S 的距离为 3.6～3.7 Å)。相比噻吩基团朝内的化合物,四个噻吩基团朝外的异构体可以发生更多的分子间 S⋯S 相互作用,因此表现出更高的空穴迁移率。2011 年,中国科学院化学研究所 Wang(王朝晖)课题组报道了噻吩并苝和二噻吩并苝[图 3-18(c)、(d)][56,57]。化合物苝的单晶排列呈现 C—H⋯π 相互作用主导的鱼骨状堆积,分子间相互作用很弱,迁移率极低。而当引入硫原子之后,S⋯S 相互作用使得分子形成非常理想的面面堆积。因此,化合物噻吩并苝加工为单晶线场效应晶体管器件之后，表现出高达 0.8 cm$^2$/(V·s)的空穴迁移率[57]；而化合物二噻吩并苝由于 S⋯S 相互作用更强，空穴迁移率可以进一步提升到 2.13 cm$^2$/(V·s)[56]。

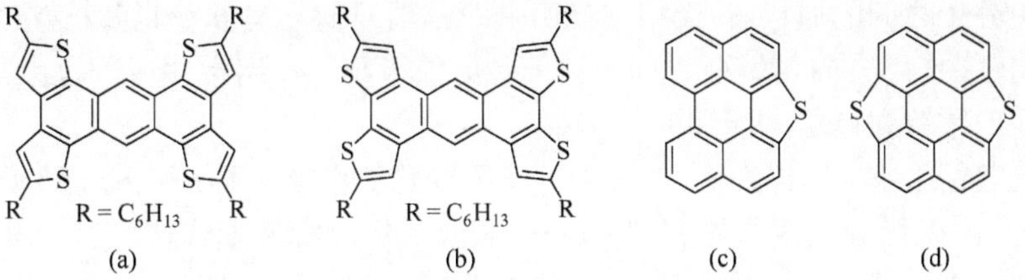

图 3-18　几种硫杂共轭分子结构
(a)四噻吩并蒽；(b)四噻吩并蒽的异构体；(c)噻吩并苝；(d)二噻吩并苝

## 3.8　给受体相互作用

富电子片段与缺电子片段之间产生的给受体相互作用是形成超分子聚集体的一类独特的驱动力[58,59]，它的本质也是静电作用。在有机太阳电池材料的研究中，在电子给体和电子受体之间形成良好的互穿网络结构，可以实现高效的电荷分离，因此给受体相互作用对于实现高的太阳能转化效率非常重要[60]。

2009 年，北京大学 Pei(裴坚)课题组报道了具有 $C_3$ 对称性的分子三聚茚化合物与其氧化物三聚茚酮的合成(图 3-19)，并将其应用于构筑一维微米线[61]。利用 $^1$H NMR 谱图作工作曲线(job plot)，可以推算出三聚茚化合物与其氧化物三聚茚酮是以 1∶1 的计量比结合的。二者在化学结构、分子尺寸和对称性上的完美匹配为研究富电子片段与缺电子片段之间产生的给受体相互作用提供了理想的平台。

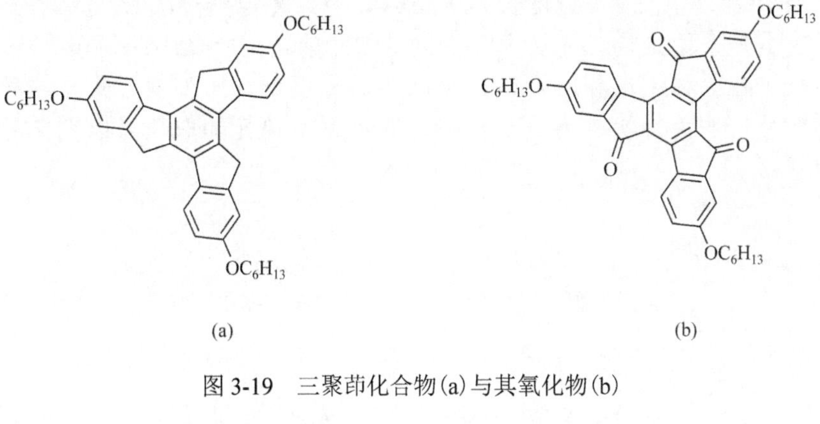

图 3-19　三聚茚化合物(a)与其氧化物(b)

## 3.9 偶极-偶极相互作用

共轭分子之间的偶极-偶极相互作用是非常重要的一类分子间弱相互作用。它具有方向性,作用方向与偶极方向一致。偶极-偶极相互作用常体现于含卤素原子、氰基、酰亚胺等强偶极官能团的分子中。

以碗烯衍生物 CI-1 为例,Pei(裴坚)课题组在碗烯分子上引入强偶极官能团酰亚胺之后,碗烯分子由原先的 C—H⋯π 相互作用的堆积方式转变为一维柱状堆积,大大提高了其电荷传输的能力,可实现最高 $0.05\ cm^2/(V\cdot s)$ 的空穴迁移率和 $0.02\ cm^2/(V\cdot s)$ 的电子迁移率(图 3-20)[62]。

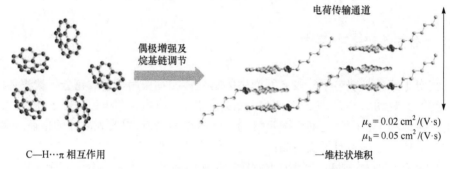

图 3-20　碗烯分子引入酰亚胺之后的晶体排列转变[62]

以硼氮杂芳香稠环分子为例,当将 CC 单元用 BN 单元取代时,由于 N 原子上的孤对电子与 B 原子上的空轨道作用,产生了一个偶极,这给化合物带来一定新的性质[64-66]。Piers 课题组报道了具有内嵌 BN 单元的芘类衍生物的合成[63]。如图 3-21 所示,中间 BN 键键长为 1.456(4) Å,表现出离域 BN 双键的性质。该分子完全是平面结构,并且由于内嵌的 BN 单元彼此之间的偶极-偶极相互作用,分子在晶体中堆积时,彼此采取头对尾反平行排列的方式。这种排列结构和芘分子的鱼骨状排列大不相同,说明 BN 单元的取代可以调整分子的堆积方式。

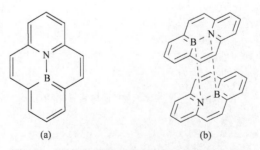

图 3-21　硼氮杂芘的分子结构(a)及排列(b)[63]

北京大学 Pei(裴坚)课题组系统研究了硼氮的偶极-偶极相互作用与分子间距离的关系，合成了不同烷基链取代的硼氮杂共轭分子(图 3-22)[67]。晶体结构解析表明，这六个化合物都采取了类似的层状堆积结构。不同的是，从 $C_1$ 到 $C_5$，分子间 BN 偶极采取头对尾反平行排列的方式，并且分子间 BN 距离逐渐增大，从 $C_1$ 的 6.20 Å 逐渐增大到 $C_5$ 的 8.61 Å。分子间 BN 偶极仍能保持有序排列。但当此距离在 $C_6$ 的晶体中增大到 9.21 Å 时，分子间 BN 偶极的无序度大大增加，晶体解析只能给出平均化的结果。

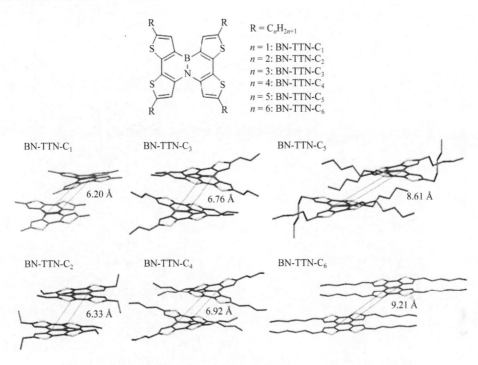

图 3-22　具有不同长度烷基侧链的 BN-TTNs 系列化合物及其单晶结构[67]

## 3.10　多种分子间弱相互作用力协同作用

如前所述，多种分子间弱相互作用力之间实际上是彼此正交，互相不受影响的，因此可以通过合理的官能团结构修饰，将多种弱作用力同时引入到一个分子中，实现超分子体系的构筑。通过灵活使用不同的非共价相互作用，可以大大拓展超分子构筑基元的多样性，对于实现微纳体系的功能化是非常有利的。

### 3.10.1 氢键辅助的 π-π 堆积聚集

Meijer、Würthner 课题组合作开发了一类分子水平上三组分自组装的 p-n 结，它们均以寡聚对苯撑乙烯（OPV）作为给体，以苝二酰亚胺（PDI）作为受体（图 3-23）[68, 69]。

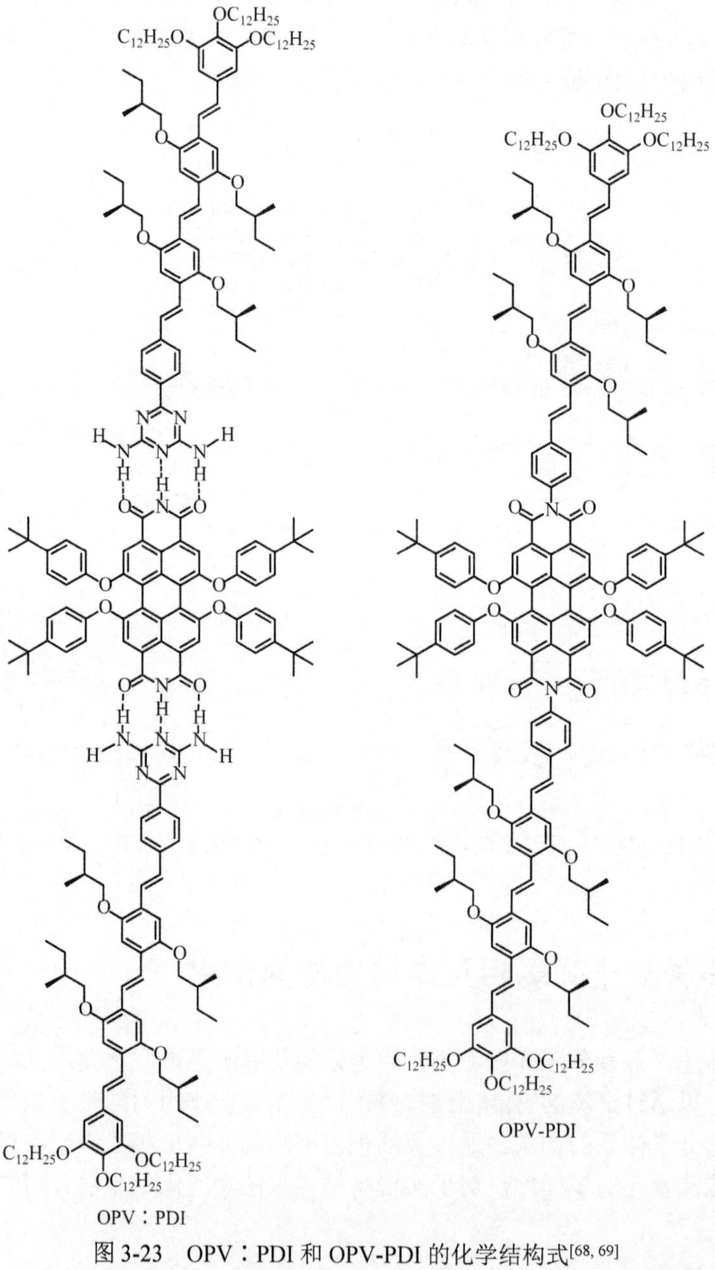

图 3-23 OPV∶PDI 和 OPV-PDI 的化学结构式[68, 69]

这一体系的独特之处在于，三组分组成的"单体"(OPV∶PDI)是一个超分子体系，通过 ADA-DAD 的三重氢键连接而成：在受体端，PDI 自身有两个 ADA 型的氢键官能团(酰亚胺)；在给体端，连接在 OPV 一端的二氨基三氮烯官能团提供互补的 DAD 氢键。因此，将 OPV 和 PDI 在溶液中混合，就可以在氢键作用下形成给体-受体-给体的超分子"单体"。而这些"单体"在 π-π 相互作用下可以发生进一步的组装聚集，形成螺旋状的纳米纤维。通过瞬态吸收光谱的表征，可以证明在电子给体片段 OPV 和受体片段 PDI 之间存在光生电荷转移的过程。

作为对照研究，共轭连接的分子 OPV-PDI 被合成出来。与 OPV∶PDI 最大的区别在于，OPV 与 PDI 之间不再是通过氢键相连，而是通过 C—N 单键共价连接。OPV∶PDI 中的分子片段通过氢键相连，因此片段间的转角更小，平面性更好。吸收光谱显示，相比 OPV-PDI，OPV∶PDI 有着更强的激子耦合效应，表明通过氢键作用得到的分子堆积更加紧密。

Parquette 课题组合成了一类在萘二酰亚胺(NDI)结构上共价连接赖氨酸的化合物，并研究了其自组装行为(图 3-24)[70]。萘二酰亚胺结构可以发生 π-π 堆积，而赖氨酸的氨基可以与另一分子的羧基之间产生氢键。在水溶液中，该类化合物自组装形成了一维纳米管状结构。当取代基为羟基时，纳米管为双层结构，管径 14 nm，管壁厚 4.2 nm；而当取代基为甲氧基时，纳米管为四层结构，管径 18 nm，管壁厚 7 nm。当将赖氨酸换成二肽时，二肽之间会发生更加复杂的 β 折叠，其自组装结构为双分子层的一维螺旋纳米带[71]。

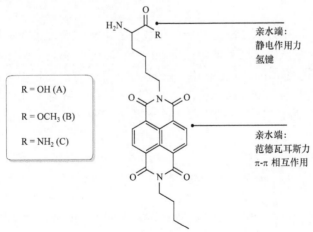

图 3-24　萘二酰亚胺衍生物结构式[70]

## 3.10.2　π-π 相互作用、金属-配体相互作用和氢键协同作用

Würthner 课题组将 π-π 相互作用、金属-配体相互作用和氢键等多种弱相互作用组合起来，构筑了一类非常精巧的超分子聚集体系(图 3-25)[72]。他们合成了一

类二氢卟吩锌化合物，其中相邻的二氢卟吩共轭骨架之间可以形成 π-π 堆积，而 3′位的羟基氧原子可以配位在堆积层内的另一个二氢卟吩锌化合物的锌离子上，与此同时，3′位的羟基氢原子和相邻分子的 13′位羰基氧原子之间还可以形成氢键。在水溶液中，该分子聚集形成了紧密的纳米棒结构，直径约 6 nm，长度可达数毫米。值得一提的是，该纳米棒在导电原子力显微镜测试中表现出了明显的光导性质[73]。

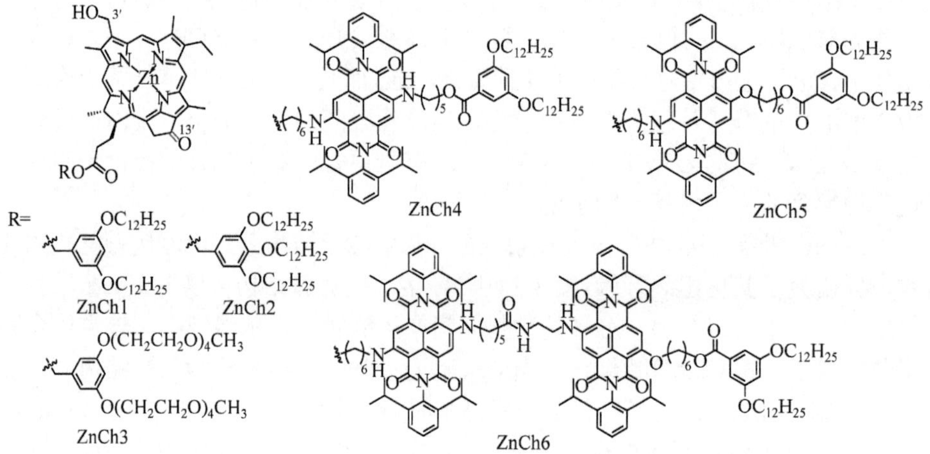

图 3-25　一类二氢卟吩锌化合物的化学结构式[74-76]

在之后的工作中，萘二酰亚胺结构也被引入进来，通过柔性链与二氢卟吩锌结构相连。引入萘二酰亚胺官能团，可以调节吸收光的波长，弥补 500~600 nm 范围内的吸收[75]。ZnCh4、ZnCh5 和 ZnCh6 在非极性溶剂中发生自组装，并且从具有可见光吸收的萘二酰亚胺结构向二氢卟吩锌结构存在非常高效的荧光共振能量转移(FRET)过程，其中 ZnCh4 和 ZnCh5 为一步的光子转移，ZnCh6 为两步的 FRET 过程。

## 参 考 文 献

[1] Faul C F J, Antonietti M. Ionic self-assembly: Facile synthesis of supramolecular materials. Adv Mater, 2003, 15: 673-683.

[2] Hoeben F J M, Jonkheijm P, Meijer E W, et al. About supramolecular assemblies of π-conjugated systems. Chem Res, 2005, 105: 1491-1546.

[3] Kumar G, Gupta R. Molecularly designed architectures-the metalloligand way. Chem Soc Rev, 2013, 42: 9403-9453.

[4] Pedersen C J. Cyclic polyethers and their complexes with metal salts. J Am Chem Soc, 1967, 89:

7017-7036.

[5] D'Souza F, Ito O. Supramolecular donor-acceptor hybrids of porphyrins/phthalocyanines with fullerenes/carbon nanotubes: Electron transfer, sensing, switching, and catalytic applications. Chem Commun, 2009, 33: 4913-4928.

[6] D'Souza F, Rath N P, Deviprasad G R, et al. Structural studies of a non-covalently linked porphyrin-fullerene dyad. Chem Commun, 2001, 3: 267-268.

[7] D'Souza F, Deviprasad G R, Zandler M E, et al. Photoinduced electron transfer in "two-point" bound supramolecular triads composed of N,N-dimethylaminophenyl-fullerene-pyridine coordinated to zinc porphyrin. J Phy Chem A, 2003, 107: 4801-4807.

[8] El-Khouly M E, Rogers L M, Zandler M E, et al. Studies on intra-supramolecular and intermolecular electron-transfer processes between zinc naphthalocyanine and imidazole-appended fullerene. Chem Phys Chem, 2003, 4: 474-481.

[9] D'Souza F, Gadde S, Zandler M E, et al. Supramolecular complex composed of a covalently linked zinc porphyrin dimer and fulleropyrrolidine bearing two axially coordinating pyridine entities. Chem Commun, 2004, 20: 2276-2277.

[10] Fukuzumi S, Saito K, Ohkubo K, et al. Multiple photosynthetic reaction centres composed of supramolecular assemblies of zinc porphyrin dendrimers with a fullerene acceptor. Chem Commun, 2011, 47: 7980-7982.

[11] Northrop B H, Zheng Y R, Chi K W, et al. Self-organization in coordination-driven self-assembly. Acc Chem Res, 2009, 42: 1554-1563.

[12] Fujita M, Oguro D, Miyazawa M, et al. Self-assembly of ten molecules into nanometre-sized organic host frameworks. Nature, 1995, 378: 469-471.

[13] Fujita M, Tominaga M, Hori A, et al. Coordination assemblies from a Pd(II)-cornered square complex. Acc Chem Res, 2005, 38: 369-378.

[14] Yoshizawa M, Takeyama Y, Okano T, et al. Cavity-directed synthesis within a self-assembled coordination cage: Highly selective [2 + 2] cross-photodimerization of olefins. J Am Chem Soc, 2003, 125: 3243-3247.

[15] She C, Lee S J, McGarrah J E, et al. Photoinduced electron transfer from rail to rung within a self-assembled oligomeric porphyrin ladder. Chem Commun, 2010, 46: 547-549.

[16] Thordarson P, Bijsterveld E J A, Rowan A E, et al. Epoxidation of polybutadiene by a topologically linked catalyst. Nature, 2003, 424: 915-918.

[17] Dou J H, Zheng Y Q, Yao Z F, et al. Fine-tuning of crystal packing and charge transport properties of BDOPV derivatives through fluorine substitution. J Am Chem Soc, 2015, 137: 15947-15956.

[18] Mas-Torrent M, Rovira C. Role of molecular order and solid-state structure in organic field-effect transistors. Chem Rev, 2011, 111: 4833-4856.

[19] Dong H, Fu X, Liu J, et al. 25th anniversary article: Key points for high-mobility organic field-effect transistors. Adv Mater, 2013, 25: 6158-6183.

[20] He T, Stolte M, Burschka C, et al. Single-crystal field-effect transistors of new $Cl_2$-NDI polymorph processed by sublimation in air. Nat Commun, 2015, 6: 5954.

[21] Jiang W, Li Y, Wang Z. Heteroarenes as high performance organic semiconductors. Chem Soc Rev, 2013, 42: 6113-6127.

[22] Wang C, Dong H, Hu W, et al. Semiconducting π-conjugated systems in field-effect transistors: A material odyssey of organic electronics. Chem Rev, 2012, 112: 2208-2267.

[23] Hill J P, Jin W, Kosaka A, et al. Self-assembled hexa-*peri*-hexabenzocoronene graphitic nanotube. Science, 2004, 304: 1481-1483.

[24] He Y, Yamamoto Y, Jin W, et al. Hexabenzocoronene graphitic nanotube appended with dithienylethene pendants: Photochromism for the modulation of photoconductivity. Adv Mater, 2010, 22: 829-832.

[25] Yamamoto Y, Zhang G, Jin W, et al. Ambipolar-transporting coaxial nanotubes with a tailored molecular graphene-fullerene heterojunction. Proc Natl Acad Sci USA, 2009, 106: 21051-21056.

[26] Yamamoto Y, Fukushima T, Suna Y, et al. Photoconductive coaxial nanotubes of molecularly connected electron donor and acceptor layers. Science, 2006, 314: 1761-1764.

[27] Jin W, Yamamoto Y, Fukushima T, et al. Systematic studies on structural parameters for nanotubular assembly of hexa-*peri*-hexabenzocoronenes. J Am Chem Soc, 2008, 130: 9434-9440.

[28] Schmidt-Mende L, Fechtenkötter A, Müllen K, et al. Self-organized discotic liquid crystals for high-efficiency organic photovoltaics. Science, 2001, 293: 1119-1122.

[29] Li W S, Saeki A, Yamamoto Y, et al. Use of side-chain incompatibility for tailoring long-range p/n heterojunctions: Photoconductive nanofibers formed by self-assembly of an amphiphilic donor-acceptor dyad consisting of oligothiophene and perylenediimide. Chem Asian J, 2010, 5: 1566-1572.

[30] Zhang G, Jin W, Fukushima T, et al. Formation of water-dispersible nanotubular graphitic assembly decorated with isothiouronium ion groups and its supramolecular functionalization. J Am Chem Soc, 2007, 129: 719-722.

[31] Li W S, Yamamoto Y, Fukushima T, et al. Amphiphilic molecular design as a rational strategy for tailoring bicontinuous electron donor and acceptor arrays: Photoconductive liquid crystalline oligothiophene-$C_{60}$ dyads. J Am Chem Soc, 2008, 130: 8886-8887.

[32] Charvet R, Yamamoto Y, Sasaki T, et al. Segregated and alternately stacked donor/acceptor nanodomains in tubular morphology tailored with zinc porphyrin-$C_{60}$ amphiphilic dyads: Clear geometrical effects on photoconduction. J Am Chem Soc, 2012, 134: 2524-2527.

[33] Hizume Y, Tashiro K, Charvet R, et al. Chiroselective assembly of a chiral porphyrin-fullerene dyad: Photoconductive nanofiber with a top-class ambipolar charge-carrier mobility. J Am Chem Soc, 2010, 132: 6628-6629.

[34] George S J, Ajayaghosh A, Jonkheijm P, et al. Coiled-coil gel nanostructures of oligo(*p*-phenylenevinylene)s: Gelation-induced helix transition in a higher-order supramolecular self-assembly of a rigid π-conjugated system. Angew Chem Int Ed, 2004, 43: 3422-3425.

[35] Jonkheijm P, Miura A, Zdanowska M, et al. π-conjugated oligo-(*p*-phenylenevinylene) rosettes and their tubular self-assembly. Angew Chem Int Ed, 2004, 43: 74-78.

[36] Huang C, Wen L, Liu H, et al. Controllable growth of 0D to multidimensional nanostructures of a novel porphyrin molecule. Adv Mater, 2009, 21: 1721-1725.

[37] Ranganathan A, Pedireddi V R, Rao C N R. Hydrothermal synthesis of organic channel structures: 1∶1 Hydrogen-bonded adducts of melamine with cyanuric and trithiocyanuric acids. J Am Chem Soc, 1999, 121: 1752-1753.

[38] Shimizu L S, Hughes A D, Smith M D, et al. Self-assembled nanotubes that reversibly bind acetic acid guests. J Am Chem Soc, 2003, 125: 14972-14973.

[39] Hollingsworth M D. Crystal engineering: from structure to function. Science, 2002, 295: 2410-2413.

[40] Würthner F, Yao S, Heise B, Tschierske C. Hydrogen bond directed formation of liquid-crystalline merocyanine dye assemblies. Chem Commun, 2001, 2260-2261.

[41] Boas U, Karlsson A J, De Waal B F M, et al. Synthesis and properties of new thiourea-functionalized poly(propylene imine) dendrimers and their role as hosts for urea functionalized guests. J Org Chem, 2001, 66: 2136-2145.

[42] Guan Y, Antonietti M, Faul C F J. Ionic self-assembly of dye-surfactant complexes: Influence of tail lengths and dye architecture on the phase morphology. Langmuir, 2002, 18: 5939-5945.

[43] Zhang T, Spitz C, Antonietti M, et al. Highly photoluminescent polyoxometaloeuropate-surfactant complexes by ionic self-assembly. Chem Eur J, 2005, 11: 1001-1009.

[44] Camerel F, Strauch P, Antonietti M, et al. Copper-metallomesogen structures obtained by ionic self-assembly (ISA): Molecular electromechanical switching driven by cooperativity. Chem Eur J, 2003, 9: 3764-3771.

[45] Kadam J, Faul C F J, Scherf U. Induced liquid crystallinity in switchable side-chain discotic molecules. Chem Mater, 2004, 16: 3867-3871.

[46] Chen H, Zeng G, Wang Z, et al. To combine precursor assembly and layer-by-layer deposition for incorporation of single-charged species: Nanocontainers with charge-selectivity and nanoreactors. Chem Mater, 2005, 17: 6679-6685.

[47] Harada A. Cyclodextrin-based molecular machines. Acc Chem Res, 2001, 34: 456-464.

[48] Harada A, Kamachi M. Complex formation between poly(ethylene glycol) and α-cyclodextrin. Macromolecules, 1990, 23: 2821-2823.

[49] Harada A, Li J, Kamachi M. Double-stranded inclusion complexes of cyclodextrin threaded on poly(ethylene glycol). Nature, 1994, 370: 126-128.

[50] Harada A, Li J. Kamachi M. The molecular necklace: A rotaxane containing many threaded [alpha]-cyclodextrins. Nature, 1992, 356: 325-327.

[51] Liao X, Chen G, Liu X, et al. Photoresponsive pseudopolyrotaxane hydrogels based on competition of host-guest interactions. Angew Chem Int Ed, 2010, 49: 4409-4413.

[52] Ebata H, Izawa T, Miyazaki E, et al. Highly soluble [1] benzothieno[3,2-b]benzothiophene (BTBT) derivatives for high-performance, solution-processed organic field-effect transistors. J Am Chem Soc, 2007, 129: 15732-15733.

[53] Mas-Torrent M, Durkut M, Hadley P, et al. High mobility of dithiophene-tetrathiafulvalene single-crystal organic field effect transistors. J Am Chem Soc, 2004, 126: 984-985.

[54] Liu W J, Zhou Y, Ma Y, et al. Thin film organic transistors from air-stable heteroarenes: Anthra[1,2-*b*:4,3-*b'*:5,6-*b''*:8,7-*b'''*]tetrathiophene derivatives. Org Lett, 2007, 9: 4187-4190.

[55] Brusso J L, Hirst O D, Dadvand A, et al. Two-dimensional structural motif in thienoacene semiconductors: Synthesis, structure, and properties of tetrathienoanthracene isomers. Chem Mater, 2008, 20: 2484-2494.

[56] Jiang W, Zhou Y, Geng H, et al. Solution-processed, high-performance nanoribbon transistors based on dithioperylene. J Am Chem Soc, 2011, 133: 1-3.

[57] Sun Y, Tan L, Jiang S, et al. High-performance transistor based on individual single-crystalline micrometer wire of perylo[1,12-*b*,*c*,*d*]thiophene. J Am Chem Soc, 2007, 129: 1882-1883.

[58] Wang C, Yin S, Chen S, et al. Controlled self-assembly manipulated by charge-transfer interactions: From tubes to vesicles. Angew Chem Int Ed, 2008, 47: 9049-9052.

[59] Zhang W, Dichtel W R, Stieg A Z, et al. Folding of a donor-acceptor polyrotaxane by using noncovalent bonding interactions. Proc Natl Acad Sci USA, 2008, 105: 6514-6519.

[60] Clarke T M, Durrant J R. Charge photogeneration in organic solar cells. Chem Rev, 2010, 110: 6736-6767.

[61] Wang J Y, Yan J, Ding L, et al. One-dimensional microwires formed by the co-assembly of complementary aromatic donors and acceptors. Adv Funct Mater, 2009, 19: 1746-1752.

[62] Shi K, Lei T, Wang X Y, et al. A bowl-shaped molecule for organic field-effect transistors: Crystal engineering and charge transport switching by oxygen doping. Chem Sci, 2014, 5: 1041-1045.

[63] Bosdet M J D, Piers W E, Sorensen T S, et al. 10*a*-aza-10*b*-borapyrenes: heterocyclic analogues of pyrene with internalized BN moieties. Angew Chem Int Ed, 2007, 46: 4940-4943.

[64] Liu Z, Marder T B. BN versus CC: How similar are they? Angew Chem Int Ed, 2008, 47: 242-244.

[65] Campbell P G, Marwitz A J V, Liu S Y. Recent advances in azaborine chemistry. Angew Chem Int Ed, 2012, 51: 6074-6092.

[66] Bosdet M J D, Piers W E. B—N as a C—C substitute in aromatic systems. Can J Chem, 2009, 87: 8-29.

[67] Wang X Y, Zhuang F D, Zhou X, et al. Influence of alkyl chain length on the solid-state properties and transistor performance of BN-substituted tetrathienonaphthalenes. J Mater Chem C, 2014, 2: 8152-8161.

[68] Würthner F, Chen Z, Hoeben F J M, et al. Supramolecular p-n-heterojunctions by co-self-organization of oligo(*p*-phenylene vinylene) and perylene bisimide dyes. J Am Chem Soc, 2004, 126: 10611-10618.

[69] Schenning A P H J, Herrikhuyzen J V, Jonkheijm P, et al. Photoinduced electron transfer in hydrogen-bonded oligo(*p*-phenylene vinylene)-perylene bisimide chiral assemblies. J Am Chem Soc, 2002, 124: 10252-10253.

[70] Shao H, Gao M, Kim S H, et al. Aqueous self-assembly of L-lysine-based amphiphiles into 1D n-type nanotubes. Chem Eur J, 2011, 17: 12882-12885.

[71] Shao H, Nguyen T, Romano N C, et al. Self-assembly of 1-D n-type nanostructures based on

naphthalene diimide-appended dipeptides. J Am Chem Soc, 2009, 131: 16374-16376.

[72] Sengupta S, Würthner F. Chlorophyll J-aggregates: From bioinspired dye stacks to nanotubes, liquid crystals, and biosupramolecular electronics. Acc Chem Res, 2013, 46: 2498-2512.

[73] Sengupta S, Ebeling D, Patwardhan S, et al. Biosupramolecular nanowires from chlorophyll dyes with exceptional charge-transport properties. Angew Chem Int Ed, 2012, 51: 6378-6382.

[74] Huber V, Katterle M, Lysetska M, et al. Reversible self-organization of semisynthetic zinc chlorins into well-defined rod antennae. Angew Chem Int Ed, 2005, 44: 3147-3151.

[75] Röger C, Müller M G, Lysetska M, et al. Efficient energy transfer from peripheral chromophores to the self-assembled zinc chlorin rod antenna: Abioinspired light-harvesting system to bridge the "green gap". J Am Chem Soc, 2006, 128: 6542-6543.

[76] Röger C, Miloslavina Y, Brunner D, et al. Self-assembled zinc chlorin rod antennae powered by peripheral light-harvesting chromophores. J Am Chem Soc, 2008, 130: 5929-5939.

# 第4章

# 有机微纳结构制备方法

## 4.1 概述

有机微纳结构通常可以通过溶液过程和蒸发过程构筑。通过蒸发过程,如物理气相沉积(physical vapor deposition, PVD)法,可以获得高纯度、高质量的有机小分子单晶(如片状的红荧烯和并五苯单晶、酞菁铜的微纳晶体等)。这种方法特别适用于在传统有机溶剂中溶解性较差的有机分子的微纳结构的构筑。而溶液过程则可应用于有一定溶解度的小分子和聚合物材料,其适用范围更广泛、实验装置更简单、实验条件更温和,因此也受到研究者更多的关注。本章我们将主要介绍溶液法中的体相溶液法、界面生长法、静电纺丝法,以及非溶液法中的物理气相沉积法。

## 4.2 溶液法

自组装过程是指有机分子通过非共价作用力结合在一起,自发形成排列规整的离散聚集体的过程[1]。由溶液法可以获得多种维度的聚集体,根据分子构筑片段的不同及其所产生的分子间作用力和自组装过程中化学环境的不同,可以获得零维、一维、二维或三维的微纳自组装结构[2-5]。

自组装过程可能是构筑一维有机π共轭分子功能纳米结构的最为有效的方法。这是因为共轭分子通常具有平面型的骨架结构和高度离域的π体系,所以绝大多数π共轭小分子、寡聚物或者聚合物在溶液中的自组装由π-π相互作用主导。非共价作用力的各向异性导致分子倾向于在自组装过程中形成一维结构[6]。

### 4.2.1 体相溶液中的自组装

体相溶液自组装法通常依赖于分子在不同环境(如不同溶液温度、溶剂种类或者混合溶剂)中的溶解度不同得以实现。当有机π共轭分子在某一特定溶剂中的溶解度较差时,可以提高温度使其充分溶解,在降温的过程中,分子将结晶成为一维纳米晶体。如果有机π共轭分子在两种溶剂中的溶解度差异很大,成核和生长过程将发生在某一溶剂向另一溶剂的转移过程中。

平面型的π共轭小分子和寡聚物由于分子间存在较强的π-π堆积倾向,是一类理想的用于构筑纳米线的材料[7, 8]。例如,TIPS-PEN 的微米带可以通过在溶液相中将其少量浓甲苯溶液注射到不良溶剂乙腈中的方法获得(图 4-1)[9]。该方法获得的微米带的宽度为 4~13 μm,厚度为 100~600 nm,长度为 40~800 μm。HTP(hexathiapentacene)分子(图 4-2)由于不含增溶基团,因此室温下几乎不溶于所有的有机溶剂,但它可以在高温下缓慢地溶解在高沸点的有机溶剂,如苯腈、硝基苯、邻二氯苯中。室温下 HTP 在溶剂中的不可溶性质是其能够进行溶液生长的关键优势。将 0.018 g 的 HTP 粉末加入 15 mL 苯腈中,在加热条件下使其逐渐溶解,随后将热的苯腈溶液缓慢降至室温的过程中,HTP 纳米线即由溶液中沉淀出来,以类似于一捆棉花的外观悬浮在溶液中[10]。其长度通常在几十至几百微米之间,厚度为 70~470 nm,而宽度则可以通过在降温的过程中加入一定量的乙醇来进行调控。

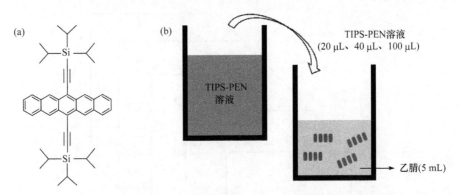

图 4-1　(a)TIPS-PEN 化学结构式;(b)TIPS-PEN 分子在溶剂交换过程中自组装形成纳米带的示意图,TIPS-PEN 微米带呈现出矩形的横截面,其优势生长方向为(010)方向[9]

除了并五苯类的π体系,苯并噻吩的纳米线和微米线也可以通过热溶液的缓慢降温或者溶剂交换中的沉淀过程来获得[11-13]。由于这些分子具有拓展的π共轭平面,分子间的π-π相互作用进一步增强,其纳米线维度较大,宽度为 0.2~8 μm,长度为 30~100 μm,其维度变化依赖于化学结构和结晶过程的差异。

π共轭聚合物具有较大的分子量、多分散性的分子量分布、刚性的骨架结构以及混乱的柔性烷基链,因此其规整排列组装形成一维纳米结构看起来是十分困难的。然而实验结果显示,

图 4-2　HTP 化学结构式[10]

可以通过溶液中的自组装过程获得纵横比较大、水平方向维度可控的纳米线。绝大多数的研究集中于研究区域规整的聚噻吩类聚合物的结晶生长过程[14]。聚噻吩类聚合物(P3AT)作为 p 型半导体材料被广泛地应用于有机场效应晶体管和有机太阳电池的构筑中[15-18]。1993 年有学者报道了第一例在不良溶剂的稀溶液中自组装获得的烷基聚噻吩纳米线[19]。通常获得 P3AT 纳米线的方法是：将 P3AT 以 0.05%～1%的浓度在较高温度下(90 ℃)溶解在不良溶剂(如环己烷或正己烷等)中，随后缓慢降至室温，聚合物链自组装形成纳米线。这种方法也常被称作"晶须法"。P3AT 纳米线的宽度约为 15 nm，且与取代的烷基链长度无关，而纳米线的厚度则随侧链长度增加而增加。

通过选区电子衍射和 X 射线衍射实验可知 P3AT 在纳米线中是高度结晶的[20-22]。P3AT 纳米线中的分子排列模式是 TypeⅠ，与通过溶液自组装形成的体相晶体中的排列模式一致(图 4-3)[20,21,23]。在 TypeⅠ晶体排列模式中，单胞属于正交晶系($a$=16.8 Å，$b$=3.80 Å，$c$=7.84 Å)。选区电子衍射结果显示 P3AT 的主链方向垂直于纳米线的长轴方向，即由于分子间较强的π-π相互作用，聚合物在纳米线中形成了层状相的结构[19]。

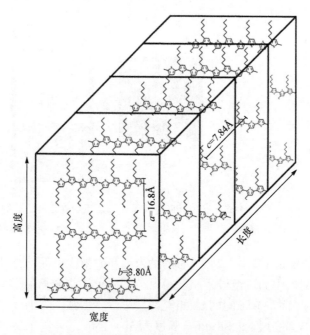

图 4-3　P3AT 晶体中的 TypeⅠ排列模式[24]

P3AT 纳米线的形貌随侧链长度[19,22,25]、区域规整度[25]、分子量/多分散度[20,26]、聚合物在溶液中的浓度[26,27]、结晶温度[28]、溶剂种类和降温速率等因素变化而变化。对于某一种特定的溶剂来说，由于 P3AT 的溶解度随烷基链长度增加而增加，具有较短烷基链长度的 P3AT 分子更容易从溶液中结晶出来形成纳米线。另外，XRD 中衍射峰面积、TEM、AFM 等实验结果均证明，随着烷基链长度的逐渐增加，纳米线的结晶度随之下降[20]。

P3AT 的区域规整度对纳米线的生长过程有着重要的影响，这是因为纳米线在溶液中的自组装过程受到烷基侧链部分结晶的影响。当使用完全相同的条件进行纳米线生长时，区域无规的 P3AT 溶液中无法观察到与区域规整的 P3AT 溶液中相同的纳米线形成现象[25]。

共轭聚合物的分子量也对纳米线的自组装过程产生影响。对于 P3AT 来说，聚合物骨架至少具有 60~70 个重复单元才有可能形成纳米线。由于 P3AT 聚合物在溶液中的饱和浓度相对较低，具有更大分子量的聚合物形成纳米线的过程更快。分子量还会影响纳米线的维度，特别是宽度大小。对 P3AT 的研究表明，具有不同的分子量和轮廓长度的聚合物链在结晶过程中会形成不同的链折叠。当 P3AT 分子量小于 10000 时，纳米线的宽度等于聚合物的轮廓长度，但当分子量大于 10000 时，宽度维持在 15 nm，不再发生变化(图 4-4)。具有不同轮廓长度的聚合物形成相同宽度的纳米线的原因是当 P3AT 分子量超过一定阈值后，其聚合物链将通过几个连续的顺式(cis)构象形成 U 形折叠[29,30]。

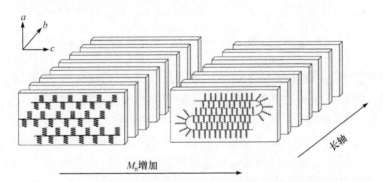

图 4-4　P3AT 分子链在微纳结构中的排列模式随分子量的变化趋势[30]

聚合物在溶液中的浓度也会影响纳米线的组装过程。例如，将 P3HT 溶于对二甲苯溶剂中，只有当聚合物浓度高于 0.05%(质量分数)时才能形成纳米线。另一有趣的现象是，P3HT 的分子量($M_n$)小于某一特定值时，当其溶液浓度增加至 0.2~0.5 mg/mL 时，溶液中形成的聚集体由一维纳米线转变为二维纳米带(图 4-5)[26]。其可能的过程是 P3HT 链首先通过 π-π 相互作用在溶液中形成纳米晶须状的晶核，随后区域规整的烷基链通过烷基作用力促进了在另一方向[(100)]的晶体生长，从而形成了二维的纳米带结构。而当 P3HT 的分子量超过某一特定值时，无论浓度大小，仅能在溶液中观察到一维纳米线的形成，而不能观察到二维的纳米带结构。一个可能的原因是，较大分子量的 P3HT 在生长过程中产生了较多的晶格缺陷，限制了晶体的进一步生长。当聚合物浓度大于 1.5 mg/mL 时，无论其分子量大小如何，都将使溶液凝胶化，根据分子量的不同，这些凝胶由纳米线或纳米带组成。

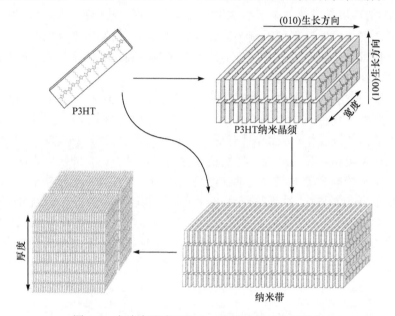

图 4-5　高浓度溶液下形成二维纳米带的生长机理

根据传统的结晶理论，纳米线的形貌由结晶温度($T_c$)调控。更高的 $T_c$ 使层状晶体中聚合物具有更长的折叠长度，因此导致晶体宽度逐渐增加[26]。对于分子量为 33500 的 P3HT 来说，随着结晶温度由 0 ℃增加至 35 ℃时，纳米线宽度由 12 nm 增加至 17 nm；对于分子量为 15600 的 P3HT 来说，纳米线宽度与温度保持相同的变化趋势，但随着温度的增加，其宽度增加速率更快。因此，可以通过结晶温度的调节调控 P3HT 纳米线的维度。

溶剂的热力学特性对π共轭聚合物纳米线的组装及其形貌有重要的影响。以 P3HT 为例，氯仿和氯苯是良溶剂，而对二甲苯和环己酮则是不良溶剂[31]。如果聚合物只能在高温下溶于某一溶剂，则将该溶剂称为边际溶剂，如对高分子量的 P3HT 而言，苯甲醚是边际溶剂。对于某一特定聚合物而言，一个半定量的选择良溶剂的方法是 Hildebrand 溶解度参数 $\delta$ 的比较[32-34]。当聚合物的溶解度参数($\delta_p$)与溶剂的溶解度参数($\delta_s$)相近时，$\delta_p - \delta_s \leqslant 1$ $cal^{1/2①} \cdot cm^{3/2}$。聚合物的溶解度参数可以通过计算方法确定，或者通过溶剂-非溶剂滴定、反向气相色谱法等实验方法确

---

① 1 cal=4.184 J。

定[32]。另一种调控纳米线生长的方法是基于溶剂折射率 $n_D$ 的不同，特别是对于脂肪烃或是芳香烃类溶剂来说，这一策略十分有效。对比由环己酮和对二甲苯中生长所得的 P3HT 纳米线，尽管两者具有相似的厚度（3～8 nm），但由对二甲苯溶液生长的纳米线具有相对更直的外形，且彼此之间能够很好地分离。而由环己酮溶液得到的纳米线则具有相对弯曲的外形，且在某一端缠绕，形成较大的纳米线聚集而成的网络结构[25]。这种形状上的不同来源于溶剂性质上的差别，因为与对二甲苯相比，环己酮中 P3HT 的溶解性更差。

P3AT 的纳米棒可以通过溶剂诱导的溶液相聚集获得[35]。向 P3AT 的氯仿溶液中逐渐加入正己烷，其对于烷基侧链而言是良溶剂，对于共轭骨架是不良溶剂，因此自组装过程是由疏溶剂作用力驱动的。主链在纳米棒中采取螺旋状构象，每一螺旋由 12 个噻吩环构成，改变聚合物的浓度和溶剂组成可以进一步调控纳米棒形貌。此外，P3HT 纳米线也可以通过对含有极性溶剂（乙腈）和非极性良溶剂（氯苯）的混合溶剂体系超声而获得[36]。当体系中含有更多的极性溶剂时，可以进一步促进聚合物链间相互作用，从而形成聚合物聚集体。超声可以将排列无规的聚集体转变为规整排列的纳米线，其宽度通常为 20～25 nm。

嵌段共聚物是另一类能够从溶液中自组装形成纳米线的聚合物半导体。由 P3HT、聚苯乙烯、聚甲基丙烯酸甲酯片段通过不同的嵌段比例形成的双嵌段共聚物和三嵌段共聚物可以自组装形成外形规则的宽度为 30～40 nm 的几微米长的纳米线[37]。进一步利用 AFM 分析其中一个双嵌段共聚物 PS-*b*-P3HT，发现纳米线是由 P3HT 核和 PS 鞘组成的。另一种基于聚苯撑乙炔、聚（对亚苯基）和聚芴形成的棒-线型双嵌段共聚物同样可以形成宽度为 8～60 nm 的纳米线和纳米纤维[38-40]。以不同尺寸烷基链取代的 P3AT 形成的嵌段共聚物，如 P3BT-*b*-P3OT[41]、P3BT-*b*-P3HT[42]、P3HT-*b*-P3cHT[43]，均能经由溶液相自组装形成纳米线。聚噻吩片段之间π-π堆积和不同侧链嵌段之间的相分离驱动了嵌段共聚物纳米线的形成（图 4-6）。通过调控嵌段组成可以调控纳米线的纵横比和纳米尺度的形貌。通过改变良/不良溶剂比例，可以获得 P3BT-*b*-P3HT 的纳米线或纳米环。两亲性刚柔型嵌段共聚物包含一个刚性的π共轭聚合物骨架和一个柔软的嵌段，如聚乙烯，可以在溶液中自组装成为多种形状不同的分子排列规整的聚集体，如荧光微管[44,45]。

## 4.2.2　表面/界面上的自组装

溶剂/溶剂界面上的自组装过程通常依赖于分子在两种溶剂中溶解度的不同。为了保证溶质分子能够在界面处进行转移，通常要求两种溶剂彼此不互溶。当自组装过程发生在溶剂/基底界面时，自组装过程通常包括溶剂的挥发，当溶液处于过饱和状态时，将形成溶质的纳米晶体。其中最为常用的滴涂法是将有机半导体

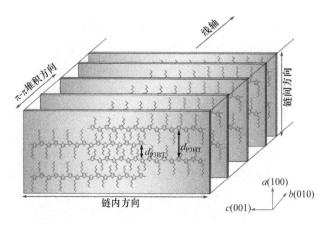

图 4-6　P3BT-*b*-P3HT 纳米线中聚合物的相交堆积排列模式示意图[42]

溶液滴涂在基底上,随着溶液的逐渐挥发,有机分子逐渐由溶液中沉淀出来形成薄膜或者晶体,总的来说这是一个准静态过程。那些具有很强自组装倾向的有机分子,能够直接通过滴涂法或者其他的重结晶过程获得晶体。此外,可以通过许多修饰方法来增加晶体或薄膜的质量,如振动辅助的结晶过程。在溶剂挥发的过程中,当滴涂的溶液暴露在一个单向性的声波(约 100 Hz)中时,可以有效提高晶体质量和器件性能。或者可以通过使用混合溶剂、饱和溶剂蒸气环境、惰性气体通气等方法控制溶剂挥发速率以提高晶体质量。

π共轭小分子和寡聚物的纳米线可以在溶剂/溶剂界面和溶剂/基底界面处形成。例如,方酸或有机金属复合物的纳米线可以在水/二氯甲烷界面形成[46]。当将少量水覆盖在方酸染料的二氯甲烷溶液表面时,随着二氯甲烷的逐渐挥发,方酸染料逐渐聚集形成纳米线(图 4-7),可以通过改变初始浓度获得宽度为 300~500 nm 的单晶方酸纳米线。尽管方酸纳米线同样可以通过二氯甲烷溶液的缓慢挥发获得,但由二氯甲烷/水的界面获得的纳米线具有更均一的尺寸,且在单一方向上有更好的取向性。

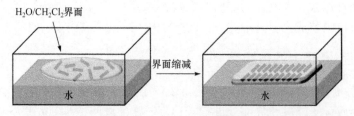

图 4-7　水/二氯甲烷界面上溶剂挥发和纳米线自组装过程示意图[46]

有机半导体纳米线可以在溶剂/基底界面形成[47-57]。直接生长在基底上的优势是避免了体相溶液法制备的微纳结构在制备器件过程中的转移，从而降低了污染概率。例如，具有螺旋桨形状的苝二酰亚胺三聚体可以在玻璃基底上经过一个简单的挥发过程生长得到纳米线[47]。该纳米线具有很大的纵横比（$L/d$=500），直径可在 4～150 nm 范围内通过改变起始浓度来调控。在基底上直接生长的氯代萘二酰亚胺($Cl_2$-NDI)晶体具有很高的电子迁移率(图 4-8)[58]。其生长方法是：首先将浓度为 1 mg/mL 的 $Cl_2$-NDI 氯仿溶液(非饱和溶液)滴涂在正辛基三甲氧基硅烷(OTES)修饰的 $Si/SiO_2$ 基底上，随后将该基底放置在充满 $CH_3OH/CHCl_3$ 混合溶剂蒸气的密封培养皿中。可以通过调控培养皿中 $CH_3OH$(不良溶剂)和 $CHCl_3$(良溶剂)的比例来调控一维单晶线的长度(微米至毫米级)和厚度(纳米至微米级)。随着溶剂的挥发，液滴边缘几乎没有晶体形成，直到液滴中浓度达到饱和才会有晶体线析出，并集中在液滴的中心，不利于后续器件的加工过程。因此，不良溶剂的加入使得在液滴和 $CH_3OH$ 蒸气的界面上提前形成晶核，使得在较短的时间内，在液滴边缘形成离散的、厚度较小的晶体。随着溶剂逐渐由边缘向中间挥发，溶液浓度逐渐增加，在靠近中心的液滴中将以更大的密度形成尺寸更大的晶体。氯仿蒸气的作用是降低挥发速率，从而获得尺寸更大的单晶线。

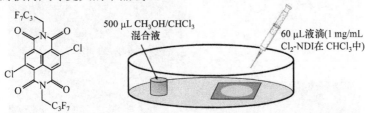

图 4-8　(a) $Cl_2$-NDI 的结构式；(b) 直接基底生长法示意图[58]

寡聚对苯撑乙烯(OPV)和寡聚噻吩乙烯的纳米线可以通过将有机溶液滴涂在基底上，在溶剂缓慢挥发的过程中获得[49,56]。纳米线的宽度和长度分别约为 100 nm 和几十微米。利用 X 射线衍射和理论模拟方法可以推断出这些分子结晶形成一维纳米结构的驱动力来自偶极-偶极相互作用、—$CF_3$/—$CF_3$ 斥力、—CF/—CH 相互作用以及 π-π 相互作用。当系统性地研究取代基对其组装行为的影响时，研究者发现取代基的逐渐变化能够使 OPV 的组装结构由一维纳米线向二维薄膜和三维晶体逐渐转变。

外形规则的纳米管可以在温和的条件下通过 π 共轭分子构筑单元的组装过程获得[50,55,57]。例如，六苯并蒄(HBC)衍生物能够组装成石墨型的纳米管，并展现出一定的半导体性质。受到分子间 π-π 相互作用的驱动，将 HBC 以 1 mg/mL 的浓度溶解在 THF 中，首先加热至 50 ℃，在缓慢降温至 30 ℃ 的过程中，黄色溶液逐渐变得浑浊，意味着较大的不可溶聚集体的形成[50]。通过过滤该悬浊液可以分离得到大的 HBC 微纳结构，SEM 和 TEM 图像显示形成了壁厚为 3 nm、管径为 20 nm 的纳米管，电子衍射结果显示管壁中形成了 HBC 片段的π-π堆积。该管状结构可能由二维石墨态片层卷曲而成。使用 THF/水的混合溶剂时，则观察到了螺旋纳米结构，其可能是由二维层状结构松散地卷曲后形成的。

将寡聚芳烃[图 4-9(a)]溶液滴涂在基底上，经由二氧六环溶剂的缓慢挥发能够获得长度为几微米、宽度为几百纳米、厚度为 50 nm 的纳米带[图 4-9(b)]。通过改变溶剂(THF 和癸烷)可以形成两种不同结构的纳米花[图 4-9(c) 和(d)][54]。在 THF 溶液中得到的纳米花由几百个梭形一维花瓣形成，花瓣的最大宽度约为 1 μm，长度为几百微米，厚度约为 50 nm。而在癸烷溶液中得到的纳米花则由几百个一维针状花瓣形成。纳米花的不同结构可能是由分子与溶剂的相互作用力、基底、温度等因素所导致的。

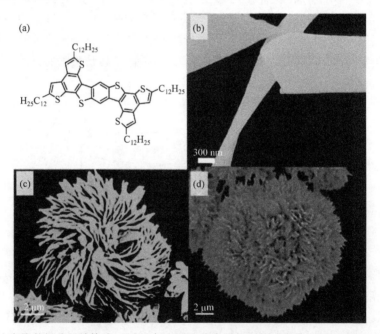

图 4-9　(a)寡聚芳烃分子结构式；(b)二氧六环溶液生长得到的纳米带；(c)THF 溶液中生长得到的纳米花；(d)癸烷溶液中生长得到的纳米花[54]

除了以上提到的平面型分子，球形分子富勒烯和金属-TCNQ 复合物也能够通过溶液法生长成为纳米线[52,53]。$C_{60}$ 分子可以由间二甲苯溶液的挥发过程获得具有面心立方晶体结构的纳米棒[53]。这些纳米棒的宽度为 100～450 nm，长度约为 100 μm，平均厚/宽比为 0.45。间二甲苯的作用是可以在早期的溶剂挥发过程中，约束晶体形成六方溶剂化的 $C_{60}$ 纳米棒，对纳米棒在真空下进行热退火后，溶剂将被去除，同时六方晶体结构转变为面心立方结构。500 nm 宽和 5 μm 长的

Cu-TCNQ 纳米线是通过将金属 Cu 浸没在 TCNQ 的乙腈溶液中获得的[51]。Cu 与 TCNQ 之间自发发生还原反应，使得 Cu 基底上形成纳米结构的膜。Cu-TCNQ 的形貌强烈地依赖于反应条件，包括浓度、温度和反应时间。

在溶液加工制备薄膜的过程中，如旋涂、滴涂法，大部分聚合物都有很强的结晶形成纳米纤维的倾向。但是，在该过程中形成的一维结构通常包覆在无定形的薄膜中，且无法精准调控维度和结晶形貌的晶型，这限制了这些一维结构在器件中的独立应用。

### 4.2.3 溶剂蒸气退火

溶剂蒸气退火(solvent vapor annealing, SVA)是在一定的溶剂蒸气氛围下，有机半导体材料吸收溶剂，部分溶解，通过重新组装过程，从原先无规的多晶状态形成高度规整的微纳结构。例如，有机半导体和可溶性聚合物形成的自组装相分离双层结构，使用 SVA 方法，可以有效地在基底上直接构筑有机小分子单晶[59]。首先，将 $C_8$-BTBT 和聚合物聚甲基丙烯酸甲酯(PMMA)以质量比 1∶1 溶解在氯苯溶剂中，随后旋涂在 $SiO_2$/Si 基底上[图 4-10(a)]。在旋涂过程中，两种组分自组装发生相分离并得到了双层结构，多晶半导体层覆盖在无定形的 PMMA 介电层之上[图 4-10(b)]。随后将该相分离的薄膜在室温条件下暴露在氯仿蒸气中 10 h[图 4-10(c)]。饱和的氯仿蒸气部分溶解 $C_8$-BTBT，使得分子能够在一个较大的范围内移动，并重组成为规整度更高的晶体[图 4-10(d)]。最终，$C_8$-BTBT 薄膜转变为几百微米长、几十微米宽的晶体[60]。还可以通过将部分薄膜暴露在溶剂蒸气中的方法，使纳米线选择性地生长在某些区域[23]。

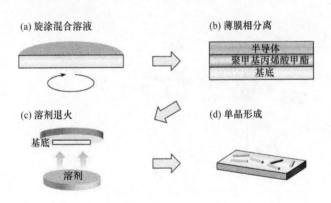

图 4-10　SVA 的加工过程[60]

(a) 旋涂混合溶液；(b) 自组装过程获得的相分离薄膜；(c) 室温条件下的 SVA 过程；(d) SVA 过程后获得的单晶

可控的 SVA 过程还可以用于改变共轭聚合物在晶体中的排列模式[21]。例如，在底

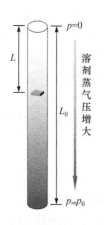

图 4-11 可控 SVA 装置示意图[21]

部装满 CS$_2$ 的长玻璃管中(直径 6 cm，长度 120 cm)的不同位置(图 4-11)，形成了溶剂蒸气压的梯度分布，由底部的饱和蒸气压至顶部的零蒸气压。可控的 SVA 过程中主要通过调控 CS$_2$ 的蒸气压和处理时间来改变晶型和晶体取向。将 P3BT 薄膜放入其中后，可以使其由 form Ⅰ 晶型转变为 form Ⅱ 晶型。将具有 form Ⅱ 晶型的晶体加热至 159 ℃ 可以经由固-固相转变成为 form Ⅰ 晶型。

## 4.3 物理气相沉积

物理气相沉积(PVD)法是一种广泛使用的用于生长高质量有机小分子半导体单晶的方法[61]。寡聚噻吩、寡聚芳烃和酞菁铜的单晶都可以由该方法生长，单晶维度从纳米到厘米尺度不等。PVD 系统十分简单，通常包含两个温度区间，低温区和高温区。首先，在较低的压力下有机半导体材料在高温区缓慢升华，有机分子蒸气由源源不断的惰性气体(如氩气、氦气、氢气或者氮气)运送到升华管的不同位置(图 4-12)，随后有机分子在低温区放置的基底上结晶。PVD 过程获得的晶体可能是体相的(三维)[62-64]、柔性薄膜(二维)[65]或者纳米线和纳米带等一维结构[66-71]。使用该方法获得纳米线有几个优势：①实验步骤简单；②样品纯度和结晶度高；③可以通过调控生长条件改变晶体的形貌和维度。当然该方法也存在一些劣势，如仅能用于生长小分子和寡聚物晶体，构筑器件效率较低。

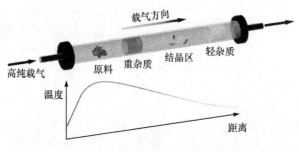

图 4-12 PVD 装置示意图[61]

有机物的纯度、升华区和结晶区的温度、两区之间的温度梯度、真空度和载气都是影响最终晶体中分子排列、晶体尺寸、形貌和晶体质量的重要参数。为了获得更为纯净的晶体，通常要求温度梯度足够小(2~5 ℃/cm)。此外，提高载气纯度可以有效地提高晶体质量。例如，当使用超纯氩气作为载气时，并四苯晶体能够展现出很高的载流子迁移率[72]，而当使用超纯氢气作为载气时，生长获得的红荧烯晶体能够展现出更高的空穴迁移率[73,74]。但气体纯度影响晶体质量的原因并不清楚，同时晶体质量在不同批次的制备过程中的不同变化有可能归因于反应体系中残留的水蒸气和氧气。由于光诱导下氧气很容易与大部分的有机小分子发生反应[75]，从而形成定域载流子的陷阱，因此在物理气相沉积制备晶体的过程中，应特别避免可能的光诱导氧化过程的发生。在晶体生长前，需将体系的真空度降至 $10^{-2}$ mbar（1 bar=$10^5$ Pa）以下，同时使晶体的生长过程在避光条件下进行。除此之外，生长体系的声学振动也有可能影响晶体的尺寸、形状和质量。对于每一种材料和每一个制备体系而言，最优的生长条件都需要通过大量的实验获得。红荧烯晶体场效应晶体管器件的实验结果显示，生长速率越慢，获得的晶体质量越高，场效应迁移率越高[73]。因此，通常将高温区的温度设定在靠近分子升华温度的区间内，在该条件下晶体的生长速率≤$5×10^{-7}$ cm/s，从而可获得十分光滑的晶体表面。

还有一个重要的参数是起始材料的纯度，晶体生长的过程常常伴随着材料的纯化过程，通常需要多次的生长过程循环往复以提高材料的场效应迁移率。所需的多次生长循环的次数依赖于起始材料的纯度。例如，即便使用98%纯度的并四苯分子作为起始材料，在第一次生长过程中仍然可以在升华区看到大量的残余物，第二次生长过程中在升华区便不再观察到残余物[76]。在该实验中还有一个十分有趣的现象，当使用不同批次的并四苯分子作为起始物时，即便表征结果证明它们具有相同的纯度，也将在升华过程中留下不同数量的残余物。使用区域提纯法可以进一步提高晶体纯度，这个过程使得体相内的杂质含量降至十亿分之一的数量级，即便使用多次重复生长过程也无法达到相同的纯度。

绝大多数通过PVD方法生长的有机π共轭分子晶体都具有针状或者薄片状的外形。晶体形状受到分子间相互作用力的各向异性所调控，对于大多数分子来说，若某一方向具有更大的维度，则意味着该方向上具有更强的分子间作用力，即相邻分子之间具有更大的π轨道重叠。正因如此，针状的红荧烯晶体中生长速率最快的方向上，应具有最大的载流子迁移率。对于薄片状晶体来说，具有最大面积的面是平行于 $a$-$b$ 晶面的。对红荧烯晶体来说平面维度通常在几平方毫米，而蒽烯晶体的维度通常为几平方厘米。晶体的厚度也可以通过生长时间得到控制。例如，在 24 h 的生长过程中，晶体的厚度在 10~200 μm 之间变动，但也可以通过在升华开始后的 30 min 停止生长以获得几微米厚度的晶体。

由于有机分子中存在弱范德瓦耳斯作用，多晶成为有机分子晶体中一个常见的现象，即生长条件的变动将改变有机晶体中分子的排列模式和晶体形状。例如，不同的生长温度下可以获得具有不同晶型的寡聚噻吩微纳结构[77]。大部分情况下，有机分子晶体都将在降温条件下表现出一种或者多种相转变过程。相转变过程对于研究低温状态下的单晶场效应晶体管性质是十分不利的。例如，对并四苯分子来说，相变过程通常发生在 200 K 以下[78]。低温状态下共存的两种结晶相将导致晶界的形成，使载流子局域化。同时存在的两相产生的应力将使晶体在低温下碎裂，最终导致器件的失效。

### 4.3.1　金属酞菁及其衍生物

目前已报道了多种金属酞菁（MPc）化合物，如 CuPc、NiPc、CoPc、FePc 和 ZnPc 等，由于它们在常见的有机溶剂中的溶解度均较差，因此只能利用 PVD 方法生长晶体[79,80]。在所有的 MPc 中，酞菁铜（CuPc）因优异的载流子传输性质和较高的化学、热稳定性，成为研究最为广泛的一种金属酞菁化合物[81,82]。最初，CuPc 的纳米线是在利用 PVD 法沉积其薄膜的过程中发现的[83]。当使用与水接触角为 0°的清洗后的玻璃或者由一薄层 Au 修饰的玻璃作为生长基底，在较低温度（28～100 ℃）下生长时，会得到岛状形貌的薄膜。而当 CuPc 薄膜沉积在较高温度的基底上时，将观察到半径约为 150 nm、长度为 1～2 μm 的纳米线。不同的基底上将生长出取向不同的纳米线，在玻璃基底上生长得到的纳米线为水平取向，而金覆盖的基底上则会呈现出垂直于基底生长的纳米线。进一步的研究表明，CuPc 纳米线可以在玻璃、硅、氧化铟锡（ITO）和掺杂氟的 $SnO_2$ 透明导电玻璃（FTO）等基底上生长得到。当基底温度超过 210 ℃时，生成了 $\beta$-CuPc 纳米线，而非之前的 $\alpha$-CuPc 纳米线。这些 $\beta$-CuPc 在长波区具有更强的吸收，有可能在太阳电池中有更佳的表现[84]。

PVD 过程中，CuPc 和 $F_{16}$CuPc 的共同生长可以制备互补逻辑电路[70]、异质结双极性场效应晶体管[85]、p-n 异质结光伏器件。除了纳米线，模板诱导的 PVD 过程还能生长 $F_{16}$CuPc 纳米管[86]。以 Au 纳米颗粒阵列修饰的硅片作为基底，在超高真空中将 $F_{16}$CuPc 薄膜利用 PVD 方法沉积在该基底上。高分辨 TEM 表征显示该方法成功获得了多壁纳米管，壁与壁之间的距离为 0.35 nm，壁厚为 10～37 个同轴层的厚度，管道直径为 3～80 nm。研究者认为这些纳米管是通过层状薄片卷曲成为圆柱体而成的，半径方向形成了 $\pi$-$\pi$ 堆积。

### 4.3.2　羟基喹啉铝

羟基喹啉铝（$Alq_3$）是一种在有机电致发光二极管中被广泛研究的电子传输材料，可以通过蒸气沉积的方法构筑其多种纳米结构：纳米粒子、纳米棒、纳米线[87]。制备过程中的特殊之处是基底需要利用液氮进行冷却。纳米结构的尺寸和形貌取决于蒸发舱的压力、升华舟的温度、沉积源与基底间的距离[88]。通过对生长过程中这些参数的调控，可以获得无定形的纳米颗粒（直径为 50～500 nm）[88]、纳米线（30～50 nm 宽和几微米长）[87]以及结晶纳米棒（100 nm 宽和 1 μm 长）[89]。使用 $Alq_3$

和无机吸收剂(如氧化铝或者硅胶)的混合物作为蒸发源进行 PVD 生长时,可以获得直径在 50～500 nm 的纳米线[90]。吸收剂的存在可以大幅度降低升华速率,从而获得尺寸均一的纳米线。使用掠射角沉积(GLAD)的方法在硅片或玻璃基底上进行沉积时,能够获得 Alq₃ 的螺旋棒阵列[91,92]。沉积过程是将基底放置在一个旋转的磁性吸盘上,在沉积过程中基底与水平面呈一定角度。

### 4.3.3 其他小分子和寡聚物

1,5-二氨基蒽醌(DAAQ)分子(图 4-13)能够在特殊的实验条件下在基底上垂直生长成为阵列化的纳米线[71]。蒸发沉积过程是将 DAAQ 的薄膜沉积在圆底烧瓶的底部,用以保证升华过程中整个样品的均匀受热。根据升华温度的不同,垂直生长的 DAAQ 纳米线的直径在 80～500 nm 范围内,根据沉积时间的不同,纳米线的长度在 500 nm 至 10 μm 之间变动。纳米线相对于基底垂直生长归因于以 DAAQ 纳米颗粒为晶种的蒸气-固相凝结过程,因为可以在纳米线早期生长过程中观察到纳米颗粒的形成。纳米颗粒的进一步生长是沿着(100)方向的,从而形成了垂直于基底的纳米线。

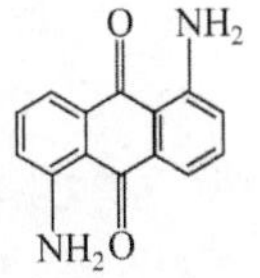

图 4-13 DAAQ 分子结构[71]

## 4.4 静电纺丝

静电纺丝技术是一种用于制备聚合物微纳纤维的技术。与其他制备微纳纤维的方法(如化学气相沉积、电化学沉积、溶剂热合成等)相比,该方法具有设备简单、成本低、可大规模量产、制备过程易控、纤维形貌易调节等特点[93-98]。静电纺丝技术的这些独特优势使其在近年来成为学术界和工业界的研究热点,被广泛应用于各种高分子纤维材料的合成中。

静电纺丝技术最早可以追溯到 1934 年,Formalas 课题组提出用静电力来制备聚合物的微纳纤维,设计了实验装置并申请了国际专利[99]。然而,早期这种新兴的纺丝技术并没有引起人们太多的关注,静电纺丝技术发展缓慢。直到进入 20 世纪 90 年代,伴随着纳米技术的蓬勃发展,静电纺丝这种高效合成微纳纤维的技术开始受到人们的广泛关注,成为学术界和工业界一个新的研究热点[100]。

静电纺丝技术的核心在于运用外加的高电势来克服流体的表面张力,从而使得高分子流体发生静电雾化,产生微小射流,最终固化成为纤维[101]。静电纺丝技术利用了聚合物材料黏弹性的特点,这一特点保证了产生射流的连续性,从而制备连续的微纳纤维结构。该技术所适用的对象一般是聚合物溶液,对于聚合物熔体的加工也有过一些报道,但是后者往往需要较为苛刻的条件。

### 4.4.1 静电纺丝技术的原理

静电纺丝技术的装置可以简化为图 4-14[95],我们可以将其分为三个部分,从上到下依次是:装有聚合物溶液(或熔体)的注射器与毛细喷嘴、高压电源、接地的收集器。将聚合物溶液(或熔体)装入注射器内,并通过蠕动泵向注射器施加恒定速率的推进力,使聚合物溶液(或熔体)以恒定的速率通过针尖。通过在针尖施加一个高达 10～30 kV 的正电压,使得针尖不断富集正电荷,针尖流体中的静电斥力不断增大。当电场逐渐加强时,静电斥力与液体的表面张力相平衡,针尖的液滴形状会从椭圆形被拉伸为锥形(泰勒锥)[102, 103]。当静电斥力大于流体的表面张力时,带电流体就会从泰勒锥中喷出,以射流的形式向电势更低的收集器加速飞行。在飞向收集器的过程中,伴随着溶液的挥发,

图 4-14　静电纺丝实验设备示意图[95]

射流的直径开始逐渐缩小。而缩小的体积会带来射流内部更大的静电斥力,这使得射流逐渐变得不稳定,在高压电场的作用下,发生剧烈的抖动、弯折、拉伸和劈裂,其中劈裂使得射流的体积可以发生进一步的缩小,最终落到收集板上形成固化的微纳纤维[101]。

### 4.4.2 影响纤维结构的基本因素

聚合物纤维质量的优劣是评判静电纺丝技术的最终标准,因此为了寻求最佳的纺丝工艺条件,必须对静电纺丝的影响因素进行深入的研究。影响最终纺丝产物形态的因素有很多,这些因素大致分为以下几类:①与纺丝装置相关的参数(如电压、加料速率、针尖与收集器之间的距离、针尖内径、收集器类型等);②与聚合物溶液相关的参数(如聚合物浓度、聚合物分子量以及分子量分布、溶液电导、沸点、表面张力);③与环境相关的参数(如温度、压力、相对湿度)。下面我们对其中一些比较关键的因素及其可能带来的影响进行阐述。

聚合物的流变学性质对形成纤维的形貌有着关键性的影响。例如,适用于静电纺丝的聚合物材料应具有线型的分子结构,同时聚合物链之间必须存在着一定数量的相互缠结,聚合物链间相互缠结的程度一定程度上可以从溶液的黏度反映出来。过少的链间缠结会导致聚合物链之间较弱的相互作用而无法保证形成纤维线的连续性,由于瑞利-泰勒不稳定性的存在,射流会发生破碎,从而形成串珠状

的纤维结构[104]。此外，聚合物的浓度、分子量、分子量分布也会对最终的纤维形貌产生重要的影响[105]。

溶剂沸点也能显著影响产生纤维的质量。溶剂沸点过低，则会因挥发太快而堵塞针尖；同时，快速挥发的溶剂会使得纺丝过程中的纤维不能完全劈裂细化，纤维的直径会很大。而过高的沸点则会导致落在收集板上的纤维中仍含有未挥发的溶剂，从而导致纤维之间互相粘连，影响纤维质量。

针尖与收集板之间所加的电压越大，则两者之间的电场越强，从而导致喷射流在两者之间具有更大的加速度。同时，电压越大会使得喷射流带有更多的表面电荷，从而使纤维具有更大的静电排斥力。这两个效应相互叠加，使喷射流及其形成的纤维具有更大的拉伸应力，从而使形成的纤维尺寸更小。然而纺丝电压也不是越高越好，过高的纺丝电压可能会造成喷射流没有足够的时间来使溶剂充分挥发，从而纤维在收集板上相互粘连，导致纺丝实验的失败。同时，过高的电压容易引起纺丝过程不稳定，从而无法得到均匀的纤维[106]。

纺丝环境的一些参数，如温度、湿度、气压等能够影响纺丝过程中溶剂的挥发速率，从而影响得到纤维的质量。例如，温度的升高会导致溶剂挥发性的增强，湿度的增加会导致溶剂挥发速率减慢。因此，我们可以通过调节纺丝环境来调节形成纤维的形貌[107]。

共轭聚合物作为一种聚合物材料，同样也可以用静电纺丝技术进行加工。然而与普通聚合物不同的是，共轭聚合物主链之间较强的π-π相互作用使得其具有较差的溶解性，同时共轭聚合物单双键交替的结构使得分子骨架具有更强的刚性，从而使分子链之间缺乏足够的缠结，这些特性给静电纺丝过程带来了一定的困难，因此采用纯的共轭聚合物材料进行纺丝的例子比较局限。为了更好地对共轭聚合物进行静电纺丝，一般会采取以下三种解决方案。

(1) 使用共轭聚合物前驱体进行纺丝：这类方案通常使用可纺性较好的聚合物前驱体进行纺丝，在形成纤维之后，通过热处理的方式将前驱体转化为共轭聚合物。例如，Huang(黄宗浩)课题组利用前驱体法制备了 PPV-CdSe 异质结纳米纤维，并测量了纤维的光响应特性(图 4-15)[108]。然而前驱体法适用的共轭聚合物体系是十分有限的，这在一定程度上限制了其应用范围。

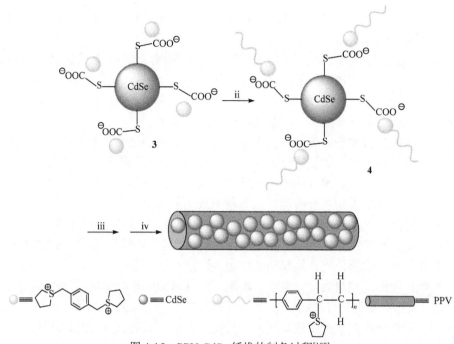

图 4-15　PPV-CdSe 纤维的制备过程[108]

反应物和反应条件：i. 四氢噻吩，CH₃OH，50 ℃；ii. NaOH，通 N₂，50 ℃；iii. HCl 和 CH₃OH 混合溶剂中进行渗析；iv. 静电纺丝，真空，60 ℃维持 1 h，230 ℃维持 3 h

(2) 将共轭聚合物与其他可纺性好的聚合物进行共混：在共轭聚合物中加入可纺性好的聚合物(支持聚合物)，能够使得聚合物链之间形成更多的缠结，从而能够显著提高共轭聚合物的可纺性(图 4-16)。常用的支持聚合物材料有聚环氧乙烷(PEO)[109,110]、聚甲基丙烯酸甲酯(PMMA)[111]、聚苯乙烯(PS)[112]、聚乙烯基吡咯烷酮(PVP)[94]、聚己内酯(PCL)[113]等。然而这一做法具有一定的局限性。由于加入的支持聚合物是不导电的，若无法保证纤维中共轭聚合物相之间的连续性，则势必会导致纤维的导电性能大幅降低。

(3) 使用同轴纺丝的方法：同轴纺丝技术是一种制备共轭聚合物微纳纤维的有效方法，它采用可纺性较好的聚合物作为壳，共轭聚合物作为核，从而制备得到同轴的聚合物纤维材料。之后将壳层用溶剂进行去除，就能够制备得到共轭聚合物纤维[114-116]。同轴纺丝与普通的静电纺丝相比需要对针尖进行一些特殊的处理，用复合喷嘴来代替单一喷嘴，从而产生同轴射流，它的装置示意图如图 4-17 所示。该方法最早由 Xia(夏幼南)课题组使用，制备出了 MEH-PPV 的纳米丝[117]。

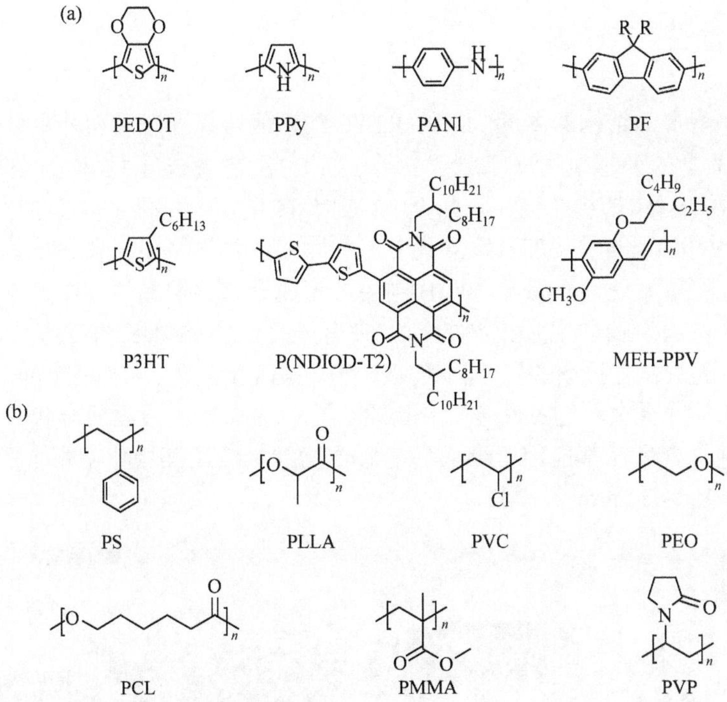

(a)
PEDOT
PPy
PANI
PF
P3HT
P(NDIOD-T2)
MEH-PPV
(b)
PS
PLLA
PVC
PEO
PCL
PMMA
PVP

图 4-16 (a) 用于静电纺丝的共轭聚合物；(b) 共纺的支持聚合物

注射泵
注射泵
P3HT
PMMA
除去壳层
同轴聚合物纤维
共轭聚合物纤维

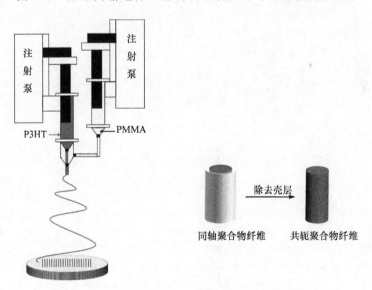

图 4-17 P3HT/PMMA 共纺实验装置示意图[111]

## 4.5 其他生长方法

具有串型多晶结构的高度取向的 P3AT 纳米线可以通过定向外延结晶的方法获得[118]。P3AT 的外延生长过程是将 30 mg 的 1,3,5-三氯苯(1,3,5-trichlorobenzene，TCB)沉积在 P3AT 薄膜表面，加热至 80 ℃时 TCB 发生熔化，溶解 P3AT 薄膜，随后将 10～30 μL 的吡啶加入该溶液中，利用毛细作用将溶液吸附在其上放置的玻璃片上。随着系统逐渐降温，TCB 结晶，形成针状分子晶体，作为成核模板使 P3AT 发生外延生长。生长得到的纤维具有一个几百微米长的纤维核，称为串(shish)，串上生长有折叠的聚合物链(kebab)，呈现出间隔为 18～28 nm 的周期性排布(图 4-18)。此外，包括化学氧化聚合、电化学聚合、界面聚合和稀溶液聚合在内的多种聚合方法都能用于合成导电聚合物纳米线。其中化学聚合而成的 PA 纳米纤维直径为 20 nm[119,120]。

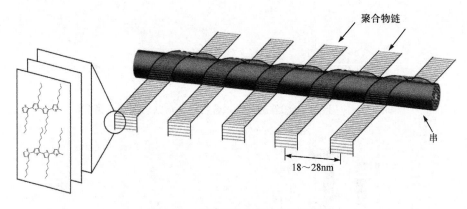

图 4-18　串型纳米线的结构示意图

## 参 考 文 献

[1] Whitesides G M, Grzybowski B. Self-assembly at all scales. Science, 2002, 295: 2418-2421.
[2] Lehn J M. Supramolecular chemistry: Scope and perspectives molecules, supermolecules, and molecular devices (Nobel lecture). Angew Chem Int Ed, 1988, 27: 89-112.
[3] Lehn J M. Perspectives in supramolecular chemistry: From molecular recognition towards molecular information processing and self-organization. Angew Chem Int Ed, 1990, 29: 1304-1319.
[4] Freek J M, Hoeben P J, Meijer E W, et al. About supramolecular assemblies of π-conjugated systems. Chem Rev, 2005, 105: 1491-1546.
[5] Whitesides G M, Mathias J P, Christopher T S. Molecular self-assembly and nanochemistry: A

chemical strategy for the synthesis of nanostructures. Science, 1991, 254: 1312-1319.

[6] Schenning A P, Meijer E W. Supramolecular electronics: nanowires from self-assembled π-conjugated systems. Chem Commun, 2005, 3245-3258.

[7] Bendikov M, Wudl F, Perepichka D F. Tetrathiafulvalenes, oligoacenenes, and their buckminsterfullerene derivatives: The brick and mortar of organic electronics. Chem Rev, 2004, 104: 4891-4945.

[8] Anthony J E. The larger acenes: Versatile organic semiconductors. Angew Chem Int Ed, 2008, 47: 452-483.

[9] Kim D H, Lee D Y, Lee H S, et al. High-mobility organic transistors based on single-crystalline microribbons of triisopropylsilylethynyl pentacene via solution-phase self-assembly. Adv Mater, 2007, 19: 678-682.

[10] Briseno A L, Mannsfeld S C B, Lu X, et al. Fabrication of field-effect transistors from hexathiapentacene single-crystal nanowires. Nano Lett, 2007, 7: 668-675.

[11] Zhou Y, Lei T, Wang L, et al. High-performance organic field-effect transistors from organic single-crystal microribbons formed by a solution process. Adv Mater, 2010, 22: 1484-1487.

[12] Guo Y, Du C, Yu G, et al. High-performance phototransistors based on organic microribbons prepared by a solution self-assembly process. Adv Funct Mater, 2010, 20: 1019-1024.

[13] Zhou Y, Wang J L, Ma Y, et al. Single microwire transistors of oligoarenes by direct solution process. J Am Chem Soc, 2007, 129: 12386-12387.

[14] Brinkmann M. Structure and morphology control in thin films of regioregular poly(3-hexylthiophene). J Polym Sci Part B: Polym Phys, 2011, 49: 1218-1233.

[15] Günes S, Neugebauer H, Sariciftci N S. Conjugated polymer-based organic solar cells. Chem Rev, 2007, 107: 1324-1338.

[16] Dou L, You J, Hong Z, et al. 25th anniversary article: A decade of organic/polymeric photovoltaic research. Adv Mater, 2013, 25: 6642-6671.

[17] Heeger A J. 25th anniversary article: Bulk heterojunction solar cells: Understanding the mechanism of operation. Adv Mater, 2014, 26: 10-27.

[18] Tsao H N, Müllen K. Improving polymer transistor performance via morphology control. Chem Soc Rev, 2010, 39: 2372-2386.

[19] Ihn K J, Moulton J, Smith P. Whiskers of poly(3-alkylthiophene)s. J Polym Sci Polym Phys, 1993, 31: 735-742.

[20] Samitsu S, Shimomura T, Heike S, et al. Effective production of poly(3-alkylthiophene) nanofibers by means of whisker method using anisole solvent: Structural, optical, and electrical properties. Macromolecules, 2008, 41: 8000-8010.

[21] Lu G, Li L, Yang X. Morphology and crystalline transition of poly(3-butylthiophene) associated with its polymorphic modifications. Macromolecules, 2008, 41: 2062-2070.

[22] Oosterbaan W D, Vrindts V, Berson S, et al. Efficient formation, isolation and characterization of poly(3-alkylthiophene) nanofibres: Probing order as a function of side-chain length. J Mater Chem, 2009, 19: 5424-5435.

[23] Chung J W, An B K, Hirato F, et al. Selected-area *in situ* generation of highly fluorescent

organic nanowires embedded in a polymer film: The solvent-vapor-induced self-assembly process. J Mater Chem, 2010, 20: 7715-7720.

[24] Merlo J A, Frisbie C D. Field effect transport and trapping in regioregular polythiophene nanofibers. J Phys Chem B, 2004, 108: 19169-19179.

[25] Samitsu S, Shimomura T, Ito K. Nanofiber preparation by whisker method using solvent-soluble conducting polymers. Thin Solid Films, 2008, 516: 2478-2486.

[26] Liu J, Arif M, Zou J, et al. Controlling poly(3-hexylthiophene) crystal dimension: Nanowhiskers and nanoribbons. Macromolecules, 2009, 42: 9390-9393.

[27] Wu P T, Xin H, Kim F S, et al. Regioregular poly(3-pentylthiophene): Synthesis, self-assembly of nanowires, high-mobility field-effect transistors, and efficient photovoltaic cells. Macromolecules, 2009, 42: 8817-8826.

[28] Malik S, Nandi A K. Crystallization mechanism of regioregular poly(3-alkyl thiophene)s. J Polym Sci Part B: Polym Phys, 2002, 40: 2073-2085.

[29] Grévin B, Rannou P, Payerne R, et al. Scanning tunneling microscopy investigations of self-organized poly(3-hexylthiophene) two-dimensional polycrystals. Adv Mater, 2003, 15: 881-884.

[30] Mena-Osteritz E, Meyer A, Langeveld-Voss B M W, et al. Two-dimensional crystals of poly(3-alkylthiophene)s: Direct visualization of poymer folds in submolecular resolution. Angew Chem Int Ed, 2000, 39: 2680-2684.

[31] Berson S, de Bettignies R, Bailly S, et al. Poly(3-hexylthiophene) fibers for photovoltaic applications. Adv Funct Mater, 2007, 17: 1377-1384.

[32] Zen A, Saphiannikova M, Neher D, et al. Comparative study of the field-effect mobility of a copolymer and a binary blend based on poly(3-alkylthiophene)s. Chem Mater, 2005, 17: 781-786.

[33] Barton A F M. CRC Handbook of Solubility Parameters and Other Cohesion Parameters. Boca Raton: CRC Press, 1991.

[34] Sperling L H. Introduction to Physical Polymer Science. 3rd ed. New York: Wiley-Interscience, 2001.

[35] Kiriy N, Jähne E, Adler H J, et al. One-dimensional aggregation of regioregular polyalkylthiophenes. Nano Lett, 2003, 3: 707-712.

[36] Kim B G, Kim M S, Kim J. Ultrasonic-assisted nanodimensional self-assembly of poly-3-hexylthiophene for organic photovoltaic cells. ACS Nano, 2010, 4: 2160-2166.

[37] Liu J, Sheina E, Kowalewski T, et al. Tuning the electrical conductivity and self-assembly of regioregular polythiophene by block copolymerization: Nanowire morphologies in new di- and triblock copolymers. Angew Chem Int Ed, 2002, 41: 329-332.

[38] Leclère P, Calderone A, Marsitzky D, et al. Highly regular organization of conjugated polymer chains via block copolymer self-assembly. Adv Mater, 2000, 12: 1042-1046.

[39] Leclère P, Hennebicq E, Calderonea A, et al. Supramolecular organization in block copolymers containing a conjugated segment: A joint AFM/molecular modeling study. Prog Polym Sci, 2003, 28: 55-81.

[40] Leclère P, Calderone A, Müllen K, et al. Conjugated polymer chains self-assembly: A new method to generate (semi)-conducting nanowires? Mater Sci Tech, 2013, 18: 749-754.

[41] Wu P T, Ren G, Li C, et al. Crystalline diblock conjugated copolymers: Synthesis, self-assembly, and microphase separation of poly(3-butylthiophene)-b-poly(3-octylthiophene). Macromolecules, 2009, 42: 2317-2320.

[42] He M, Zhao L, Wang J, et al. Self-assembly of all-conjugated poly(3-alkylthiophene) diblock copolymer nanostructures from mixed selective solvents. ACS Nano, 2010, 4: 3241-3247.

[43] Wu P T, Ren G, Kim F S, et al. Poly(3-hexylthiophene)-b-poly(3-cyclohexylthiophene): Synthesis, microphase separation, thin film transistors, and photovoltaic applications. J Polym Sci Part A: Polym Chem, 2010, 48: 614-626.

[44] Jenekhe S A, Chen X L. Self-assembled aggregates of rod-coil block copolymers and their solubilization and encapsulation of fullerenes. Science, 1998, 279: 1903-1907.

[45] Jenekhe S A, Chen X L. Supramolecular photophysics of self-assembled block copolymers containing luminescent conjugated polymers. J Phys Chem B, 2000, 104: 6332-6335.

[46] Zhang C Y, Zhang X J, Zhang X H, et al. Facile one-step fabrication of ordered organic nanowire films. Adv Mater, 2009, 21: 4172-4175.

[47] Yan P, Chowdhury A, Holman M W, et al. Self-organized perylene diimide nanofibers. J Phys Chem B, 2005, 109: 724-730.

[48] Jiang L, Yao X, Li H X, et al. "Water strider" legs with a self-assembled coating of single-crystalline nanowires of an organic semiconductor. Adv Mater, 2010, 22: 376-379.

[49] Chung J W, Yang H, Singh B, et al. Single-crystalline organic nanowires with large mobility and strong fluorescence emission: A conductive-AFM and space-charge-limited-current study. J Mater Chem, 2009, 19: 5920-5925.

[50] Hill J P, Jin W, Kosaka A, et al. Self-assembled hexa-peri-hexabenzocoronene graphitic nanotube. Science, 2004, 304: 1481-1483.

[51] Hoagland J J, Wang X D, Hipps K W. Characterization of Cu-CuTCNQ-M devices using scanning electron tunneling microscopy. Chem Mater, 1993, 5: 54-60.

[52] Geng J, Zhou W, Skelton P, et al. Crystal structure and growth mechanism of unusually long fullerene($C_{60}$) nanowires. J Am Chem Soc, 2008, 130: 2527-2534.

[53] Wang L, Liu B, Liu D, et al. Synthesis of thin, rectangular $C_{60}$ nanorods using m-xylene as a shape controller. Adv Mater, 2006, 18: 1883-1888.

[54] Wang L, Zhou Y, Yan J, et al. Organic supernanostructures self-assembled via solution process for explosive detection. Langmuir, 2009, 25: 1306-1310.

[55] Kastler M, Pisula W, Wasserfallen D, et al. Influence of alkyl substituents on the solution- and surface-organization of hexa-peri-hexabenzocoronenes. J Am Chem Soc, 2005, 127: 4286-4296.

[56] An B K, Gihm S H, Chung J W, et al. Color-tuned highly fluorescent organic nanowires/nanofabrics: Easy massive fabrication and molecular structrual origin. J Am Chem Soc, 2009, 131: 3950-3957.

[57] Xiao S, Tang J, Beetz T, et al. Transferring self-assembled, nanoscale cables into electrical devices. J Am Chem Soc, 2006, 128: 10700-10701.

[58] He T, Stolte M, Würthner F. Air-stable n-channel organic single crystal field-effect transistors based on microribbons of core-chlorinated naphthalene diimide. Adv Mater, 2013, 25: 6951-6955.

[59] Liu C, Minari T, Lu X, et al. Solution-processable organic single crystals with bandlike transport in field-effect transistors. Adv Mater, 2011, 23: 523-526.

[60] Minari T, Lui C, Kano M, et al. Controlled self-assembly of organic semiconductors for solution-based fabrication of organic field-effect transistors. Adv Mater, 2012, 24: 299-306.

[61] Reese C, Bao Z. Organic single-crystal field-effect transistors. Mater Today, 2007, 10: 20-27.

[62] Briseno A L, Mannsfeld S C, Ling M M, et al. Patterning organic single-crystal transistor arrays. Nature, 2006, 444: 913-917.

[63] Sundar V C, Zaumseil J, Podzorov V, et al. Elastomeric transistor stamps: Reversible probing of charge transport in organic crystals. Science, 2004, 303: 1644-1646.

[64] Kloc C H, Simpkins P G, Siegrist T, et al. Physical vapor growth of centimeter-sized crystals of $\alpha$-hexathiophene. J Cryst Growth, 1997, 182: 416-427.

[65] Briseno A L, Tseng R J, Ling M M, et al. High-performance organic single-crystal transistors on flexible substrates. Adv Mater, 2006, 18: 2320-2324.

[66] de Boer R W I, Gershenson M E, Morpurgo A F, et al. Organic single-crystal field-effect transistors. Phys Status Solid A, 2004, 201: 1302-1331.

[67] Tang Q, Li H, Meng H, et al. Low threshold transistors based on individual single-crystalline submicrometer-sized ribbons of copper phthalocyanine. Adv Mater, 2006, 18: 65-68.

[68] Tang Q, Li H, Liu Y, et al. High-performance air-stable n-type transistors with an asymmetrical device configuration based on organic single-crystalline submicrometer/nanometer ribbons. J Am Chem Soc, 2006, 128: 14634-14639.

[69] Tang Q, Li H, Song Y, et al. *In situ* patterning of organic single-crystalline nanoribbons on a $SiO_2$ surface for the fabrication of various architectures and high-quality transistors. Adv Mater, 2006, 18: 3010-3014.

[70] Tang Q, Tong Y, Hu W, et al. Assembly of nanoscale organic single-crystal cross-wire circuits. Adv Mater, 2009, 21: 4234-4237.

[71] Zhao Y, Wu J, Huang J. Vertical organic nanowire arrays: Controlled synthesis and chemical sensors. J Am Chem Soc, 2009, 131: 3158-3159.

[72] de Boer R W I, Klapwijk T M, Morpurgo A F. Field-effect transistors on tetracene single crystals. Appl Phys Lett, 2003, 83: 4345-4347.

[73] Podzorov V, Sysoev S E, Loginova E, et al. Single-crystal organic field effect transistors with the hole mobility 8 $cm^2 \cdot V^{-1} \cdot s^{-1}$. Appl Phys Lett, 2003, 83: 3504-3506.

[74] Podzorov V, Pudalov P M, Gershenson M E. Field-effect transistors on rubrene single crysrtals with parylene gate insulator. Appl Phys Lett, 2003, 82: 1739-1741.

[75] Dabestani R, Nelson M, Sigman M E. Photochemistry of tetracene adsorbed on dry silica: Products and mechanism. Photochem Photobiol, 1996, 64: 80-86.

[76] de Boer R W I, Jochemsen M, Klapwijk T M, et al. Space charge limited transport and time of flight measurements in tetracene single crystals: A comparative study. J Appl Phys, 2004, 95:

1196-1202.

[77] Horowitz G, Bachet B, Yassar A, et al. Growth and characterization of sexithiophene single crystals. Chem Mater, 1995, 7: 1337-1341.

[78] Truscott C E, Ault B S. Infrared matrix isolation study of the 1∶1 molecular complexes of the hydrogen halides with methyl-substituted cyclopropanes. J Phys Chem, 1985, 89: 1741-1748.

[79] Leznoff C C. Phthalocyanines, Properties and Applications. Oxford: Oxford University Press, 1991.

[80] Kobayashi N. Phthalocyanines. Curr Opin Solid State Mater Sci, 1999, 4: 345-353.

[81] Peumans P, Forrest, S R. Very-high-efficiency double-heterostructure copper phthalocyanine/$C_{60}$ photovoltaic cells. Appl Phys Lett, 2001, 79: 126.

[82] Zeis R, Siegrist T, Kloc C. Single-crystal field-effect transistors based on copper phthalocyanine. Appl Phys Lett, 2005, 86: 022103.

[83] Lee Y, Tsai W, Maa J. Effects of substrate temperature on the film characteristics and gas-sensing properties of copper phthalocyanine films. Surface Sci, 2001, 173: 352-361.

[84] Tong W Y, Djurišić A B, Ng A M C, et al. Synthesis and properties of copper phthalocyanine nanowires. Thin Solid Films, 2007, 515: 5270-5274.

[85] Zhang Y, Dong H, Tang Q, et al. Organic single-crysralline p-n junction nanoribbons.J Am Chem Soc, 2010, 132: 11580-11584.

[86] Barrena E, Zhang X, Mbenkum B N, et al. Self-assembly of phthalocyanine nanotubes by vapor-phase transport. ChemPhysChem, 2008, 9: 1114-1116.

[87] Chiu J J, Kei C C, Perng T P, et al. Organic semiconductor nanowires for field emission. Adv Mater, 2003, 15: 1361-1364.

[88] Chiu J J, Wang W S, Kei C C, et al. Tris-(8-hydroxyquinoline) alumonum nanoparticles prepared by vapor condensation. Appl Phys Lett, 2003, 83: 347-349.

[89] Chiu J J, Wang W S, Kei C C, et al. Room temperature vibrational photoluminescence and field emission of nanoscaled tris-(8-hydroxyquinoline) aluminum crysralline film. Appl Phys Lett, 2003, 83: 4607-4609.

[90] Zhao Y, Di C, Yang W, et al. Photoluminescence and electroluminescence from tris(8-hydroxyquinoline)aluminum nanowires prepared by adsorbent-assisted physical vapor deposition. Adv Funct Mater, 2006, 16: 1985-1991.

[91] Hrudey P C P, Westra K L, Brett M J. Highly ordered organic $Alq_3$ chiral luminescent thin films fabricated by glancing-angle deposition. Adv Mater, 2006, 18: 224-228.

[92] Hrudey P C P, Szeto B, Brett M J. Strong circular Bragg phenomena in self-ordered porous helical nanorod arrays of $Alq_3$. Appl Phys Lett, 2006, 88: 251106.

[93] Luzio A, Canesi E, Bertarelli C, et al. Electrospun polymer fibers for electronic applications. Materials, 2014, 7: 906-947.

[94] Li D, Xia Y. Electronspinning of nanofibers: Reinventing the wheel? Adv Mater, 2004, 16: 1151-1170.

[95] Greiner A, Wendorff J H. Electrospinning: A fascinating method for the preparation of ultrathin fibers. Angew Chem In Ed, 2007, 46: 5670-5703.

[96] Agarwal S, Greiner A, Wendorff J H. Electrospinning of manmade and biopolymer nanofibers-progress in techniques, materials, and applications. Adv Funct Mater, 2009, 19: 2863-2879.

[97] Agarwal S, Greiner A, Wendorff J H. Functional materials by electrospinning of polymers. Prog Polym Sci, 2013, 38: 963-991.

[98] Long Y, Li M, Gu C, et al. Recent advances in synthesis, physical properties and applications of conducting polymer nanotubes and nanofibers. Prog Polym Sci, 2011, 36: 1415-1442.

[99] Formhals A. Process and apparatus for preparing artificial threads: USA, US 1975504. 1934.

[100] Reneker D H, Chun I. Nanometre diameter fibres of polymer, produced by electrospinning. Nanotechnology, 1996, 7: 216-223.

[101] Reneker D H, Yarin A L, Fong H, et al. Bending instability of electrically charged liquid jets of polymer solutions in electrospinning. J Appl Phys, 2000, 87: 4531-4547.

[102] Reneker D H, Yarin A L. Electrospinning jets and polymer nanofibers. Polymer, 2008, 49: 2387-2425.

[103] Yarin A L, Koombhongse S, Reneker D H. Taylor cone and jetting from liquid droplets in electrospinning of nanofibers. J Appl Phys, 2001, 90: 4836-4846.

[104] Wang X, Luo N, Ying K, et al. Synthesis of EPDM-*g*-PMMA through atom transfer radical polymerization. Polymer, 1999, 40: 4515-4520.

[105] Shenoy S L, Bates W D, Frisch H L, et al. Role of chain entanglements on fiber formation during electrospinning of polymer solutions: Good solvent, non-specific polymer-polymer interaction limit. Polymer, 2005, 46: 3372-3384.

[106] Huang Z, Zhang Y, Kotaki M, et al. A review on polymer nanofibers by electrospinning and their applications in nanocomposites. Compos Sci Technol, 2003, 63: 2223-2253.

[107] Li X, Gao C, Wang J, et al. $TiO_2$ films with rich bulk oxygen vacancies prepared by electrospinning for dye-sensitized solar cells. J Power Sources, 2012, 214: 244-250.

[108] Xin Y, Huang Z, Jiang Z, et al. Photoresponse of a single poly(*p*-phenylene vinylene)-CdSe bulk-heterojunction submicron fiber. Chem Commun, 2010, 46: 2316-2318.

[109] Pinto N J, Johnson A T, MacDiarmid A G, et al. Electrospun polyaniline/polyethylene oxide nanofiber field-effect transistor. Appl Phys Lett, 2003, 83: 4244-4246.

[110] Laforgue A, Robitaille L. Fabrication of poly-3-hexylthiophene/polyethylene oxide nanofibers using electrospinning. Synthetic Met, 2008, 158: 577-584.

[111] Chen J, Kuo C, Lai C, et al. Manipulation on the morphology and electrical properties of aligned electrospun nanofibers of poly(3-hexylthiophene) for field-effect transistor applications. Macromolecules, 2011, 44: 2883-2892.

[112] Vohra V, Giovanella U, Tubino R, et al. Electroluminescence from conjugated polymer electrospun nanofibers in solution processable organic light-emitting diodes. ACS Nano, 2011, 5: 5572-5578.

[113] Lee S, Moon G D, Jeong U, Continuous production of uniform poly(3-hexylthiophene) (P3HT) nanofibers by electrospinning and their electrical properties. J Mater Chem, 2009, 19: 743-748.

[114] Chuangchote S, Fujita M, Sagawa T, et al. Control of self organization in conjugated polymer

fibers. ACS Appl Mater Inter, 2010, 2: 2995-2997.

[115] Laforgue A, Robitaille L. Production of conductive PEDOT nanofibers by the combination of electrospinning and vapor-phase polymerization. Macromolecules, 2010, 43: 4194-4200.

[116] Canesi E V, Luzio A, Saglio B, et al. n-Type semiconducting polymer fibers. ACS Macro Lett, 2012, 1: 366-369.

[117] Dan L, Babel A, Jenekhe S A, et al. Nanofibers of conjugated polymers prepared by electrospinning with a two-capillary spinneret. Adv Mater, 2004, 16: 2062-2066.

[118] Brinkmann M, Chandezon F, Pansu R B, et al. Epitaxial growth of highly oriented fibers of semiconducting polymers with a shish-kebab-like superstructure. Adv Funct Mater, 2009, 19: 2759-2766.

[119] Shirakawa H, Ikeda S. Preparation and morphology of as-prepared and highly stretch-aligned polyacetylene. Synthetic Met, 1980, 1: 175-184.

[120] Araya K. Synthesis of highly-oriented polyacetylene film in a liquid crystal solvent. Synthetic Met, 1986, 14: 199-206.

# 第5章

# 溶液法制备有机微纳结构的生长机理及结构调控

## 5.1 烷基链效应

在有机半导体材料中，载流子的迁移率很大程度上依赖于分子间的前线轨道重叠积分，而重叠积分对有机半导体材料微纳结构中的分子堆积构象非常敏感[1]。因此，探究有机微纳结构的生长机理及结构调控方式对理解有机半导体材料的电学性质有着重要的意义。从晶体学的角度而言，有机微纳结构的形成主要是由有机分子通过分子间相互作用力堆积而导致的。对于有机半导体分子而言，芳香族骨架的种类、柔性侧链的选择、不同的加工方式等都会影响分子间的堆积方式。过去几十年来，在有机电子学领域中，关于可溶液加工的有机半导体材料的相关研究取得了显著的进展。其中，新型有机π共轭骨架的发展一直是这一领域的核心问题[2, 3]，由于有机π共轭体系中存在很强的π-π相互作用，其往往具有较差的溶解性，因此，通常需要将柔性侧链引入到共轭体系中用于改善化合物的溶解性，以便于材料纯化以及器件制备。因此，我们在这一节将探讨分子柔性侧链的选择如何影响分子间的范德瓦耳斯作用力，从而调控有机分子间的组装行为，最终产生不同的器件性能。

作为增溶基团的柔性链具有绝缘特性，通常认为其并不利于进一步提升有机半导体材料的光电性能，如载流子传输性能等。然而，近年来越来越多的研究表明，柔性链在有效调控有机半导体材料的组装行为乃至光电性能方面起着至关重要的作用。即使采用完全相同的共轭母核骨架，具有不同柔性侧链的有机半导体材料也会表现出很大的器件性能差别，这一现象促使人们深入了解柔性侧链在有机半导体材料中的作用[4]。本节希望通过总结近年来有关柔性链在调控有机半导体光电性能方面的研究进展，探讨柔性链的取代位置、长度、奇偶效应、手性，以及一些特殊种类柔性链在调控有机半导体微纳组装结构中的作用，为高性能有机半导体材料的分子结构设计提供一定的参考和指导。

## 5.1.1 取代位置与取代基数目

烷基链是有机材料中最广泛使用的增溶基团[5]。烷基链对有机物的溶解和结晶过程主要产生两个影响：第一，烷基链和溶剂之间额外的范德瓦耳斯作用增加了有机分子整体与溶剂之间的相互作用能量；第二，烷基链的热振动运动可能破坏固体状态下的分子间的良好排列，从而降低π共轭体系之间的相互作用。溶质-溶质和溶质-溶剂之间相互作用的竞争决定了结晶和溶解的平衡，从而控制了有机半导体分子的自组装及其性质。基于相同的共轭骨架，对于引入的烷基链的化学结构上的微小调节可能导致化合物的载流子传输特性发生巨大改变。

烷基链的取代位置不同会导致分子的取向不同，从而引起分子排列的差异。Zhu(朱道本)课题组用双氰基修饰并二噻吩双连噻吩的衍生物，获得了三种烷基链取代位置不同的化合物(图 5-1)[6]。电化学测试和溶液状态下的紫外吸收光谱表明侧链取代位置的不同不会改变π共轭骨架的共轭程度，也不会明显地改变前线轨道的分布情况。但是 XRD 实验结果表明，化合物 1 中不存在长程有序的π-π堆积，但是化合物 2 和 3 的薄膜中观察到了良好的π-π堆积，其距离均为 3.5 Å。

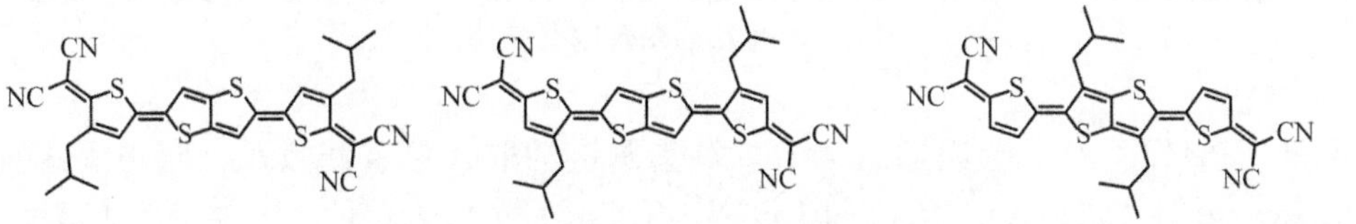

图 5-1 氰基取代的并二噻吩双连噻吩

烷基链的不同取代位置会影响分子堆积中的堆叠和滑移距离。Seki 和 Geerts 课题组研究了烷基取代于不同位置的十二烷基[1]苯并噻吩并[3,2-b] [1]苯并噻吩($C_{12}$-BTBT)的四种异构体的晶体结构和电子学性质[7]。单晶结构解析表明，化合物 1、3 和 4 的分子排列结构为以π-π相互作用为主的共面交叉结构，而化合物 2 的晶体堆积模式为由 CH···π相互作用稳定的鱼骨状堆积。图 5-2 中标出了烷基取代于不同位置的 $C_{12}$-BTBT 分子的堆叠和滑移距离的区别。计算结果表明化合物 2 的堆积模式最有利于分子间的电荷转移。利用场致时间分辨微波电导(FI-TRMC)对化合物 2 的载流子传输性能进行测量，获得了前所未有的超高空穴迁移率 170 cm$^2$/(V·s)。

烷基或烷氧基链在共轭骨架上的不同取代位置也可能会改变分子的偶极矩或四极矩，进而改变分子间的相互作用，获得具有不同性质的组装结构。如图 5-3

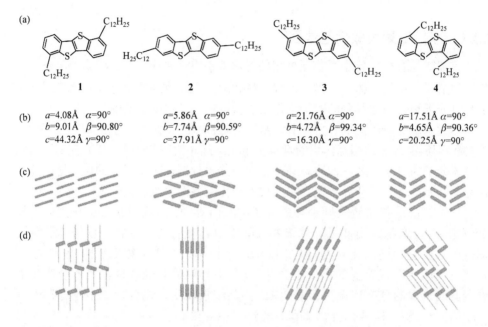

图 5-2 (a)十二烷基取代的[1]苯并噻吩并[3,2-b] [1]苯并噻吩的四种异构体的分子结构；(b)晶体结构的晶格参数；(c)省略了正十二烷基链的分子的堆积结构示意图；(d)显示了烷基链堆积结构的示意图

所示，Pei(裴坚)课题组通过调节烷氧基侧链的取代位置和数目，获得了三种 truxenone 衍生物(TrO1、TrO2 和 TrO3)[8]。TrO2 容易溶解在氯仿中,熔点为 128 ℃，而其异构体 TrO1 在氯仿中的溶解性差，熔点为 179 ℃。TrO3 分子由于具有更多的烷氧基侧链，表现出了更好的溶解性，在 50 ℃以上均没有观察到玻璃化转变温度($T_g$)和熔融温度($T_m$)。通过加热-冷却的方式可以获得这三种分子的组装体，但这一过程却表现出了明显的区别。加热这三种分子的 THF 溶液，冷却后只有 TrO1 形成了一维(1D)微米线。将溶剂换为中等极性的二氧六环后，TrO1、TrO2 和 TrO3 均可析出微米线。进一步将溶剂换为极性更低的正己烷后，TrO1 由于在正己烷中较差的溶解性，不再能够出现良好的组装结构。相比之下，TrO2 以正己烷作为溶剂，析出的微米线不仅更长，而且更加平直、有刚性。TrO3 在正己烷中析出的固体为无规的组装体。上述组装行为可以通过理论计算进行解释，TrO3 两个相邻的侧链之间的相互排斥作用迫使烷氧基链分处于分子平面的上下两端，增强了 TrO3 的溶解性。对于 TrO1 和 TrO2，计算表明 TrO1 的四极矩比 TrO2 大约 50%，表明 TrO1 中存在更强的静电作用。因此，TrO1 表现出较低的溶解度、较高的熔点，只在其溶解度大的极性溶剂(如 THF)中才能出现良好的一维自组装结构。

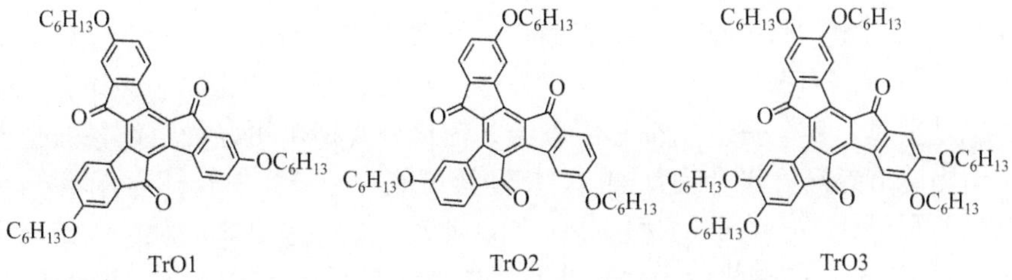

图 5-3　TrO1、TrO2 与 TrO3 的分子结构

## 5.1.2　烷基链长度的影响

不同长度的烷基链也可能影响分子间相互作用力。2013 年，Pei(裴坚)课题组通过高效的亲电取代反应合成了两种具有不同烷基链长度的硼氮杂稠环化合物，BN-TTN-$C_3$ 和 BN-TTN-$C_6$(图 5-4)。BN 单元的引入可以提供分子间偶极-偶极相互作用，但这一分子间相互作用会被烷基链的长度所影响[9]。BN-TTN-$C_3$ 具有较短烷基链，在晶体排列中具有明显的 BN 偶极-偶极相互作用，相邻分子间表现出规整的相反的 BN 偶极排列，分子间π-π相互作用明显。但是，在 BN-TTN-$C_6$ 的单晶中，较长的烷基链与共轭骨架间的 C—H⋯π作用主导了晶体排列，分子间 BN 偶极距离增加，相互作用减弱，BN 单元的取向在单晶中表现出无序性。由不同长度的烷基链引起的不同的分子排列结构导致两种分子在器件性能上的巨大区别。基于 BN-TTN-$C_3$ 的场效应晶体管器件表现出的空穴迁移率高达 $0.15\ cm^2/(V\cdot s)$，比 BN-TTN-$C_6$[$0.03\ cm^2/(V\cdot s)$]几乎高出 4 倍。

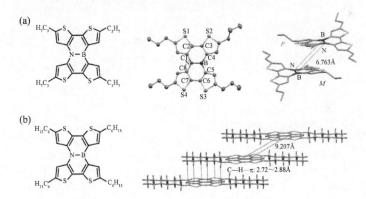

图 5-4　(a) BN-TTN-$C_3$ 的分子结构与单晶结构；(b) BN-TTN-$C_6$ 的分子结构与单晶结构

## 5.1.3　烷基链分叉位点的影响

相比于有机共轭小分子，共轭聚合物具有更差的溶解性，因此，常使用分叉

型烷基链代替直链型烷基链增强其溶解度。分叉型烷基链的长度和分叉位点对有机半导体的性质均有影响。与直链型的烷基链相比，分叉型的烷基链如 2-乙基己基、2-己基癸基、2-辛基十二烷基可以给共轭化合物提供更好的溶解性。但有趣的是，当侧链节点靠近聚合物骨架时，烷基链可能对分子间的π-π相互作用产生位阻效应，不利于获得小的π-π堆积距离。逐渐移动分叉位置远离共轭骨架可以逐渐减小π-π堆叠距离，提高载流子传输性能。如图 5-5 所示，2012 年，Pei(裴坚)课题组以基于异靛青单元获得的共轭聚合物作为活性层，制得了空气中稳定的有机场效应晶体管。通过细微改变侧链支点的位置研究了不同分叉位点对聚合物π-π堆积距离的影响。掠入射 X 射线衍射研究表明，当烷基链的分叉位点逐渐远离共轭骨架时，聚合物表现出逐步降低的π-π堆积距离：P1($n$=0) 为 3.75 Å，P2($n$=1) 为 3.61 Å，P3($n$=2) 为 3.57 Å。具有小π-π堆积距离的聚合物 P3 表现出了三个化合物中最高的载流子迁移率[3.62 cm$^2$/(V·s)][10]。

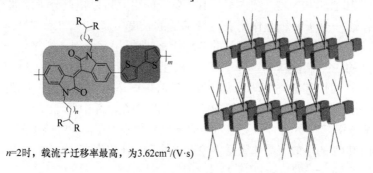

$n$=2时，载流子迁移率最高，为3.62cm$^2$/(V·s)

图 5-5 基于异靛青单元获得的共轭聚合物及其分子堆积示意图

对基于萘二酰亚胺(NDI)的 n 型小分子半导体的研究发现，在该体系中烷基链的分叉位点比长度对半导体的性质影响更大(图 5-6)[11]。烷基链长度的改变对

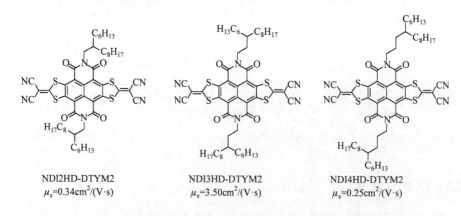

NDI2HD-DTYM2　　　　NDI3HD-DTYM2　　　　NDI4HD-DTYM2
$\mu_e$=0.34cm$^2$/(V·s)　　$\mu_e$=3.50cm$^2$/(V·s)　　$\mu_e$=0.25cm$^2$/(V·s)

图 5-6 基于 NDI 的小分子结构及其分叉位点对其器件性能的影响

薄膜的微观结构影响很小，对器件性能的影响非常微弱。但是，改变烷基侧链的分叉位置，可以精细地调节分子的组装行为，导致电子迁移率上的显著差异。三个分子中，NDI3HD-DTYM2 表现出的电子迁移率最高，达 3.50 cm$^2$/(V·s)，几乎比与烷基侧链处于其他分叉位点的两个化合物高出 1 个数量级。这些研究结果表明，调节烷基侧链的分叉位点是调节分子间的相互作用力和半导体器件性能的有效方法之一。

### 5.1.4 烷基链的奇偶效应

最早观察到烷基链的奇偶效应是在 1877 年对脂肪酸沸点的研究过程中[12]。脂肪酸的沸点并不随链长的增加而单调增加。这个现象也在正烷烃和大部分末端取代的烷烃衍生物中被观察到。单晶结构解析表明，这些衍生物的奇偶效应与其固态下的堆积情况密切相关。具有偶数碳原子数的直链烷烃的两端具有最佳的分子间接触，而具有奇数碳原子数的烷烃只在分子一端具有良好的分子间接触。这一现象导致具有奇数碳原子数的直链烷烃具有较小的密度和较低的熔点。这一依赖于碳原子数目奇偶性的性质也在有机半导体的晶体堆积中被观察到，同时对载流子输运过程产生影响。

在对一系列荧蒽酰亚胺的二聚体(DFAI)的相关研究中，观察到具有奇数碳原子数烷基链的化合物表现出了更强的一维生长趋势和更好的结晶度[图 5-7(a)][13]。具有奇数碳原子数烷基链的分子，如 DFAI-C$_3$ 和 DFAI-C$_5$，在单晶中表现出 "V" 形的分子构型；而具有偶数碳原子数烷基链的分子(DFAI-C$_4$、DFAI-C$_6$ 和 DFAI-C$_{12}$)则呈现出 "Z" 形的分子构型。由于该分子体系中较弱的π-π相互作用，具有锯齿(zigzag)构型的烷基链对二聚体分子的几何构型及分子排列起主导作用。

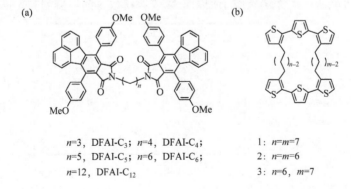

$n$=3, DFAI-C$_3$; $n$=4, DFAI-C$_4$;
$n$=5, DFAI-C$_5$; $n$=6, DFAI-C$_6$;
$n$=12, DFAI-C$_{12}$

1: $n=m=7$
2: $n=m=6$
3: $n=6$, $m=7$

图 5-7　(a)不同长度取代的 DFAI 的分子结构；(b)三种不同桥连基团修饰的大环分子的分子结构

烷基链的奇偶效应也表现在了由柔性烷基链连接的π共轭大环分子的构象及其晶体组装行为中[图 5-7(b)][14]。对于对称连接的大环分子($n=m$)，调节桥连基团烷基链的碳原子个数可以得到不同的分子构象。当 $n=m=7$ 时，烷基链中的碳原子采取全反式构象，在每个烷基链中的亚甲基-亚甲基键间采取间扭式构象，整个骨架较为平整；当 $n=m=6$ 时，烷基链中的碳原子依然采取全反式构象，但是两端的联三噻吩却处于几乎正交的两个平面，整个骨架形成"8"字形扭曲；而当两个烷基侧链长度不一致时，烷基链中的碳原子不再采取全反式构象，骨架呈现较不规则的扭曲结构。由柔性亚烷基链引起的对大环构象的限制，显著影响了π共轭骨架的分子内组装行为，从而导致不同的晶体组装行为。尽管这些大环分子由相同的π共轭骨架和类似的烷基链组成，它们不同的晶体组装行为导致了彼此之间完全不同的性质，如溶解度、熔点、固态的光物理性质等。

Takimiya 课题组开发了一系列可用于溶液加工的 2,7-二烷基取代的 BTBT 分子($C_n$-BTBT)[15, 16]。他们在分子的长轴方向上引入两个增溶的烷基链，有利于侧向分子间的相互作用（图 5-8）。对于 $n=5\sim9$，随着烷基链的长度增加，分子的溶解度增加。然而，在 $n>10$ 以后，进一步增加烷基链的长度却明显降低了分子在氯仿中的溶解度。产生这一现象的可能原因是，在氯仿中烷基链长度的增加使得分子间的范德瓦耳斯作用力增加，从而导致分子在氯仿中的溶解度降低。基于这些 BTBT 衍生物而制备的场效应晶体管都表现出超过 0.1 $cm^2/(V \cdot s)$ 的空穴迁移率。对于 $n=5\sim9$ 的化合物而言，带有偶数碳原子数烷基链的衍生物的空穴迁移率超过带有奇数碳原子数烷基链的衍生物的空穴迁移率，但在 $n=10\sim14$ 的系列化合物中这一趋势却相反。显然，这些材料的空穴迁移率不仅受到烷基侧链碳原子数奇偶数目的影响，也受到烷基侧链长度的影响。这两种效应共同影响了分子的组装行为和电荷运输性质。以上的一系列结果均表明烷基链的奇偶效应对分子构型和晶体结构有显著的影响。由于晶体排列总是伴随着一定的对称性，烷基链的奇偶效应可能源于烷基链碳原子数为奇数或者偶数时晶体排列的不同对称性。

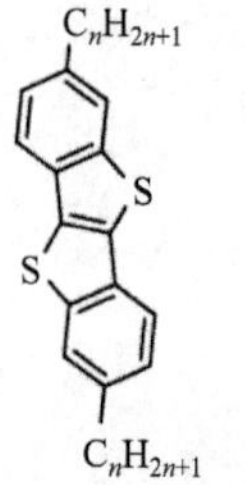

| $n$ | $CHCl_3$中溶解度/(g/L) | $\mu_{h,max}/[cm^2/(V\cdot s)]$ |
|---|---|---|
| 5 | >60 | 0.43 |
| 6 | 70 | 0.45 |
| 7 | 70 | 0.84 |
| 8 | 80 | 1.80 |
| 9 | 90 | 0.61 |
| 10 | 24 | 0.86 |
| 11 | 13 | 1.76 |
| 12 | 8.6 | 1.71 |
| 13 | 5.0 | 2.75 |
| 14 | 2.3 | 0.72 |

图 5-8　$C_n$-BTBT 的分子结构、氯仿中的溶解性及器件表现

### 5.1.5　烷基侧链的手性

在天然产物、药物以及超分子化合物的相关研究中，手性是一个非常重要的

研究内容。纯的立体异构体和它们的混合物通常会呈现出不同的晶体结构,从而表现出不同的特性。非对称支链烷基链,如2-乙基已基,被广泛应用于有机半导体材料的合成中。显然,合成的有机半导体分子将由于手性烷基的引入而得到一系列立体异构体。为了研究含有手性烷基的立体异构体对有机微纳结构的影响,Nguyen课题组分离纯化了DPP(TBFu)$_2$的三种立体异构体:内消旋异构体、*RR*异构体和*SS*异构体(图5-9)[17]。其中*RR*和*SS*异构体互为对映异构体,它们表现出了类似的晶体结构、薄膜形态和场效应晶体管性质。在不同的立体异构体及其混合物中,内消旋异构体在单晶中表现出了最强的π-π相互作用,其π-π距离最短,基于内消旋异构体制备的器件表现出了最高的载流子迁移率。有趣的是,分离纯化后的单一手性的异构体与分离前的立体异构体混合物相比,结晶性明显增强。因此,选择合适的手性烷基链是调节有机半导体堆积,进而改善器件性能的一种有效方式。

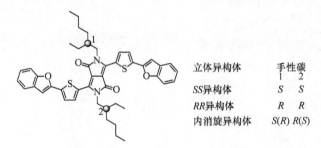

图 5-9　DPP(TBFu)$_2$立体异构体的结构示意图

## 5.1.6　烷氧基链

与疏水性的烷基链相比,低聚乙二醇链由于醚键的存在,表现出了独特的亲水性。尽管低聚乙二醇链在超分子自组装研究中应用广泛,其在有机半导体材料中的应用报道还比较少。Aida课题组在六苯并蔻体系中引入烷基与三缩四乙二醇(TEG)链,通过π-π相互作用与疏水作用,获得了排列规整的一维双层管状结构,该结构表现出了快速响应的光导现象与有趣的超分子线型异质结结构[图 5-10(a)][18-20]。Pei(裴坚)课题组设计了一种蝴蝶形的分子[图 5-10(b)],通过聚乙二醇链间的范德瓦耳斯作用与共轭分子间π-π相互作用,无需基底即可组装出二维双层纳米片。由于该结构的外围被 TEG 基团包围,微纳结构的进一步聚集被抑制了。基于组装出的纳米片加工得到的场效应晶体管表现出了高达 0.02 cm$^2$/(V·s)的空穴迁移率[21]。除了在有机微纳材料中的应用外,低聚乙二醇链也在薄膜器件中引起越来越多的关注。Reynolds课题组合成了两亲性共轭分子 DPP$_{amphi}$[图 5-10(c)][22]。研究发现,相比于十二烷基(C$_{12}$H$_{25}$)链取代,TEG链取代的 DPP$_{amphi}$分子在有机溶剂中表现出了更好的溶解性。具有 TEG 链的

分子表现出 $3.4×10^{-3}$ cm$^2$/(V·s) 的空穴迁移率。共轭聚合物 N-CS2DPP-OD-TEG 的设计中也采用了类似的策略，当使用 TEG 链时，其也在共同的有机溶剂中表现出较好的溶解性[图 5-10(d)][23]。聚合物表现出高达 3 cm$^2$/(V·s) 的电子迁移率。这些实例表明，合理地设计含有 TEG 链的有机半导体分子，有望进一步提高有机光电子器件的性能。

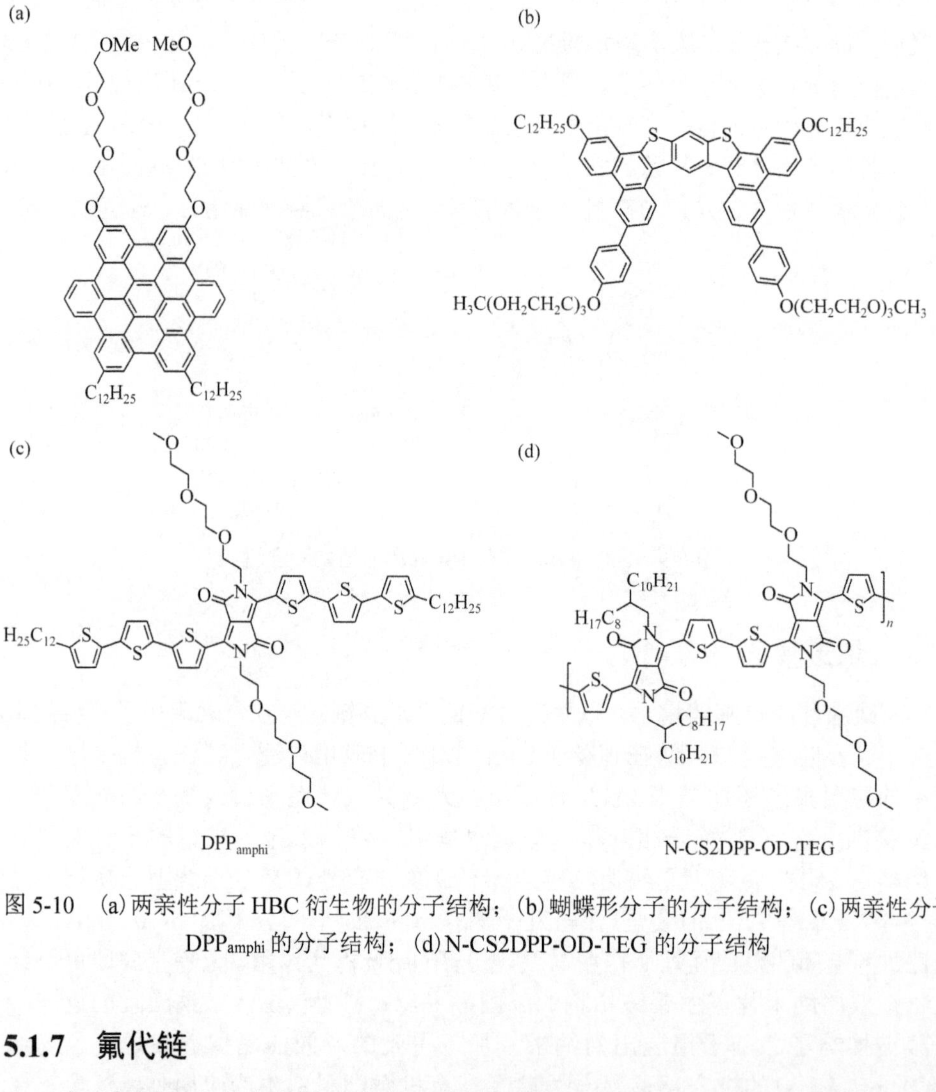

图 5-10  (a) 两亲性分子 HBC 衍生物的分子结构；(b) 蝴蝶形分子的分子结构；(c) 两亲性分子 DPP$_{amphi}$ 的分子结构；(d) N-CS2DPP-OD-TEG 的分子结构

## 5.1.7 氟代链

由于氟原子高的电负性，含氟烷基链通过静电作用和 $\delta$-诱导作用表现出吸电子的能力。而氟原子的疏油性使得一些具有烷基链与含氟烷基链的共轭聚合物在固态下表现出一定的自组装性质。烷基取代的寡聚噻吩主要是 p 型半导体，Marks

课题组合成了一系列全氟烷基链修饰的寡聚噻吩(图 5-11)[24]。全氟烷基链提高了寡聚噻吩的化学稳定性、热稳定性和电子亲和力。全氟烷基取代的寡聚噻吩转变为 n 型半导体,例如,$\alpha, \omega$-二全氟己基-4T(DFH-4T)表现出了高达 0.22 cm$^2$/(V·s)的电子迁移率。此外,他们也合成了全氟酰基取代的寡聚噻吩(DFHCO-4T),获得了高达 0.6 cm$^2$/(V·s)的电子迁移率[25]。

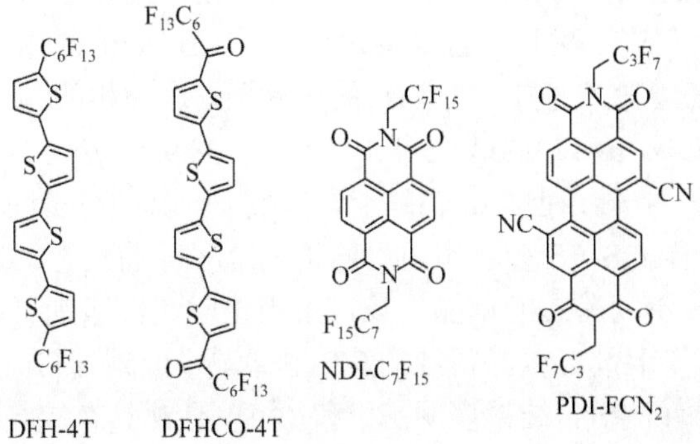

图 5-11 一些全氟烷基取代的有机半导体结构示意图

含氟烷基链的范德瓦耳斯半径比它们的烃同系物大,因此除了吸电子性质外,氟代链可以屏蔽氧气和水并稳定在 NDI-C$_7$F$_{15}$ 中的电子传输[26]。通过使用这种设计策略,Marks 课题组开发了基于苝二酰亚胺的 PDI-FCN$_2$,该化合物在空气中表现出高达 0.65 cm$^2$/(V·s)的电子迁移率[27]。

将含氟官能团引入有机物分子可以提供许多优点,如低的摩擦系数、更高的刚性、低的表面能、疏水性、化学惰性和热稳定性。氟代烷基链的性质可以在有机半导体的固态自组装结构中得到进一步的应用。

## 5.2 异构效应与溶剂效应

有机半导体作为下一代电子产品(如显示器、薄膜晶体管、太阳电池、传感器和逻辑电路)的材料基础,引起了行业和学术界的广泛关注。可加工性是有机半导体最有吸引力的特征,可实现低成本、低温和大面积器件制造。通过改变加工溶剂来调节有机半导体材料分子的堆积结构,是改善材料的器件性能的一种方式。有机半导体材料在不同的溶剂中溶解度不一致,通过控制溶剂的种类和浓度,可以获得同一分子的不同形貌的微纳结构:一维柱状晶体、一维管状晶体和二维结构等。但目前而言,如何利用不同的溶剂控制晶体结构,仍是一个亟待解决的问题。

有机半导体分子从不同的溶剂中结晶可能获得不同的晶体结构。四硫富瓦烯(TTF)单晶存在两种相态,最初于 1971 年,Coppens 课题组报道了单斜的 $\alpha$-TTF 的晶体结构[28]。这种晶体通常呈现橘红色,空间结构为 $P21/c$, $a$=7.364Å, $b$=4.023Å, $c$=13.922Å, $\beta$=101.42°。从分子结构上说,分子沿最短的 $b$ 轴紧密堆积,分子间具有强烈的 π-π 相互作用,同时 S⋯S 相互作用也很明显。在随后很长的一段时间内,人们认为它只有这一种相。直到 1994 年,Bernstein 课题组采用新的合成方法,发现 TTF 存在着第二种相,即三斜的 $\beta$ 相[29]。这种相的晶体呈现黄色,空间结构为 $P1$, $a$=8.379Å, $b$=12.906Å, $c$=8.145Å; $\alpha$=98.91°, $\beta$=101.42°, $\gamma$=100.44°。此时分子最短轴变为 $c$ 轴,但与 $a$ 轴差别不是很大,其中分子间 S⋯S 相互作用与 $\alpha$ 相有所不同,分子间 S⋯S 相互作用趋向于无限平行的状态。选择不同的溶剂能够可控地实现 TTF 不同晶态的单晶生长,采用正庚烷作溶剂可以获得纯的 $\alpha$-TTF 单晶,而采用氯苯作溶剂可以获得纯的 $\beta$-TTF 单晶[30]。对 TTF 不同晶相的单晶进行场效应晶体管器件测试,结果表明 $\alpha$ 相和 $\beta$ 相单晶都具有较高的载流子迁移率。其中,$\alpha$-TTF 单晶的载流子迁移率最高可达 1.2 cm$^2$/(V·s),而 $\beta$-TTF 单晶的载流子迁移率最高可达 0.23 cm$^2$/(V·s),表现出明显的晶态差异性。将 TTF 分子之间的电荷传输过程模拟为一种 Brownian 迁移过程,理论分析与计算结果显示,$\alpha$-TTF 单晶的载流子迁移率最高为 2.016 cm$^2$/(V·s),沿 $b$ 轴方向,而 $\beta$-TTF 单晶的载流子迁移率最高为 0.2757 cm$^2$/(V·s),沿 $c$ 轴方向。理论结果与实验结果非常吻合。

选择不同的溶剂不仅会得到同一分子的不同晶型的晶体,也可能会得到分子同一晶型的不同形状的晶体,如针状、带状等。$C_{60}$ 是一种由 60 个碳原子构成的分子,形似足球,又称足球烯。$C_{60}$ 是单纯由碳原子结合形成的稳定分子,它具有 60 个顶点和 32 个面,其中 12 个为正五边形,20 个为正六边形。在有机电子学中,$C_{60}$ 通常被作为一个经典的 n 型材料,它的单晶较难制备。Li(李寒莹)和 Bao(鲍哲南)课题组等设计了一种液滴固定结晶(DPC)的方法,利用溶液与基片接触线处成核生长晶体(图 5-12)[31],利用固定液滴收缩时产生的取向作用,成功制备了规则取向的高质量 $C_{60}$ 单晶,并报道了最高 11 cm$^2$/(V·s) 的电子迁移率。该方法利用一小块硅片固定住溶液液滴避免其流动,为晶体生长提供了一个稳定的环境。当溶剂挥发时,$C_{60}$ 分子在液滴最外围开始成核生长,随着液滴的收缩,晶体沿着径向取向生长。他们研究了不同溶剂对晶体形貌的影响,纯间二甲苯作为溶剂时得到的是针状的单晶,而间二甲苯和四氯化碳混合溶剂则会使 $C_{60}$ 形成带状的单晶。液滴固定结晶法为制备大面积取向的有机半导体单晶提供了新的方法,取向的单晶可以很方便地构建场效应晶体管器件,有利于研究有机单晶中载流子的各向异性传输。

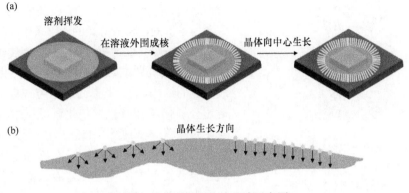

图 5-12 液滴固定结晶法示意图

## 5.3 螺旋有机微纳结构和温度效应

通过溶液生长法可以获得丰富多样的有机功能材料微纳结构。在有机微纳结构的形成过程中，随着生长环境的不同，微纳结构的大小、形状和形貌表现出复杂性及多样性。溶液法生长的微纳结构种类繁多，从简单的一维结构、二维结构一直到复杂的三维结构[32]。一维和准一维有机微纳结构最为常见，主要包括微纳纤维、微纳螺旋、微纳管体等结构[33-37]。二维微纳结构主要包括微纳米片、微纳米带、微纳薄膜、微纳多孔薄膜[38-41]。而三维微纳结构常由零维、一维、二维纳米结构的一种或多种组成。常见的三维微纳结构为微纳球，包括空心微纳球和实心微纳球，如果按球形结构表面形貌又可分为光滑微纳球、微纳米花等[42-44]。除了常规的一维、二维、三维结构之外，有机功能分子通过自组装过程也可以构筑一些独特的微纳结构，如 Y 形微纳管状结构、微纳篮状结构、微纳螺旋圈结构、微纳碗状结构等[45-48]。不同有机微纳结构的生长和形态转换可以参考阅读中国石油大学的 Liu（刘鸣华）课题组在《物理化学学报》上发表的详细综述[32]。

螺旋在几何学上指代如螺蛳壳型纹理的曲线或者曲面。螺旋结构普遍存在于自然界，如微观的纳米级别的 DNA 双螺旋、蛋白质 α 螺旋，以及宏观级别的贝类螺旋、漩涡星系。人类创造的宏观螺旋状物体由于独特的几何结构在机械力学、电磁学、建筑学中有着极其广泛的应用，而分子级别的螺旋状结构在承载生物遗传信息、稳定生物大分子方面有着极其重要的意义。螺旋有机微纳结构是介观尺度的人造螺旋结构，一般体现出准一维的几何学特征，可以看作由一维条带通过螺旋折叠或者螺旋扭曲而成的具有正曲率的螺旋(helix)型或者负曲率的扭曲(twist)型微纳结构（图 5-13）[49]。在 helix 型微纳结构中，螺旋的内表面和外表面并不等价，构成螺旋的一维条带在生长过程中继续增宽或者沿螺旋轴向坍缩则会退化为另一种准一维管状

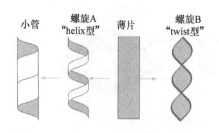

图 5-13 典型的有机微纳螺旋结构(包括正曲率的 helix 型螺旋和负曲率的 twist 型螺旋)[49]

微纳结构。twist 型螺旋具有 $C_2$ 对称轴,其两个面是等价的,构成螺旋的一维条带在生长过程中继续增宽会保持扭曲(twist)型螺旋结构。

由于有机微纳螺旋结构并不是热力学上最稳定的结构,因此其制备和组装一直以来都是超分子化学和有机材料化学领域中具有挑战性的课题。有机微纳螺旋结构主要在溶液法制备的有机超分子凝胶中出现,在特定的溶剂或者混合溶剂中,通过使溶液过饱和之后控制析出速率的方法制备获得。2009 年,Pei(裴坚)课题组报道了一种由具有 X 形构型的分子通过溶液加工获得的 twist 型有机微纳螺旋结构(图 5-14)[50]。分子 **a** 的热力学稳定的微米线型微纳结构,可以由其氯仿/乙醇混合溶液的缓慢挥发获得;分子 **a** 的微纳螺旋结构则可以以加速其析出速率的方法,如迅速冷却热饱和溶液来获得。对于具有更长柔性烷基侧链的分子 **b**,使用同样的制备方法可以获得分散的、无分叉的、几乎完美的有机微纳螺旋结构。由于分子 **b** 本身没有手性,同时微纳螺旋的生成环境也是非手性的,因此得到的螺旋结构中含有等量的 $P$ 型螺旋和 $M$ 型螺旋。

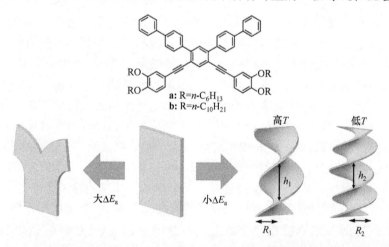

图 5-14 X 形化合物 **a** 和 **b** 的分子结构以及微纳螺旋生长机理与温度的关系示意图[50]

微纳螺旋结构的获得不仅与有机分子本身的性质有关,很大程度上还取决于生长条件。Pei(裴坚)课题组详细研究了由 **b** 制备得到的有机螺旋结构的生长机理[51],首先探究了 **b** 在不同温度下获得的有机螺旋结构的形貌,发现有机螺旋的螺距与生长温度有着密切的关系(图 5-14)。50 ℃的过饱和溶液置于不同温度下恒温冷却后所获得的不同螺旋结构的 SEM 图像显示,在较高温度下生长得到的螺旋结构的螺距较长,在较低温度下得到的螺旋结构的螺距较短,随着生长温度的降低,螺距呈现逐渐缩短的趋势。进一步研究发现,b 在形成微纳螺旋结构的过程中是直接生长成螺旋结构,而不是先形成带状结构再扭曲成螺旋结构。最终,他们提出了这一微纳螺旋结构的宏观生长机理:在晶体的生长过程中,靠近晶体生长前沿横截面边缘的位置比中心位置更容易接触到溶液中过饱和的分子,边缘位置的生长速率大于横截面的中心位置。通常情况下,边缘位置的生长速率远大于中心位置会导致分叉结构的产生,而对于分子 b,其溶解度处于合适的范围之内,边缘位置的生长速率不会过大,因而避免了分叉结构的产生,却又为螺旋结构的产生提供了驱动力。变温生长实验很好地证明了边缘位置和中心位置生长速率的差别是螺旋生长的主要驱动力,这与作者提出的生长动力学模型是相吻合的。

## 5.4 管状有机微纳结构与溶剂刻蚀生长机理

一维管状微纳结构在纳米传输、微纳反应腔、高比表面积检测器、生命模拟、光电功能材料等领域具有重要的应用,其中最具有代表性的管状微纳结构是原子间通过共价键相连的碳纳米管。有关碳纳米管研究的相关论述已有专门的专著,本书不做重点介绍和讨论。不同于共价键连接的碳纳米管,有机小分子自组装得到的微纳管状结构存在两个不等价的内外表面,因而一般由两亲性分子或广义的两亲性分子组装得到。传统的可以在水溶液中构成管状结构的两亲性有机小分子主要包括磷脂、Bola 型两亲性分子、肽类两亲性分子、糖脂等[52]。而可自组装成管状有机微纳结构的有机光电功能小分子一般为广义的两亲性分子,分子中包括若干条亲溶剂的柔性链和至少一个疏溶剂的具有大π共轭结构的母核。在有机溶液中自组装为微纳结构的过程中,分子的大π共轭母核面对面堆积形成π-π聚集相,而亲溶剂的柔性链则堆积形成亲溶剂相,从而形成准二维膜状结构。由于柔性链堆积相的刚性不强、体积可变,准二维膜状结构在合适的条件下可卷曲形成准一维管状微纳结构。

不完全对称的六苯并蔻衍生物是一类被广泛研究的能形成微纳管状结构的有机功能材料分子[18,19,53-56]。对称的六苯并蔻衍生物固态下往往形成六方柱状堆积,而要形成中空管状微纳结构必须破坏其对称性。日本理化研究所的 Aida 课题组报道了一类由两亲性的六苯并蔻衍生物组装成的微纳管状结构。Aida 课题组将 TEG 链引入六苯并蔻的一侧,合成了分子 HBC-1 和 HBC-2(图 5-15)[18,54]。该类分子在进入固态的过程中堆积形成双层分子膜,并进一步组装成微纳管状结构,管壁的厚度非常接近单个分子长度的两倍[18]。为了进一步研究该类六苯并蔻衍生物的聚集态结构与分子结构的关系,他们又合成了一系列对称性进一步降低的分子(图 5-15),并详细研究了它们的自组装行为。研究发现,在 HBC-4 分子的一条 TEG 链的末端引入有大位阻的π共轭体系并不会影响双分子层管状微纳结构的聚集形态,大位阻的π共轭体系在管的内表面与外表面形成了一个新的聚集相。此外,将 HBC-2 和 HBC-4 混合之后仍然能够自组装得到管状微纳结构[19, 54, 58]。由于在 HBC-4 的自组装微纳管中同时存在六苯并蔻聚集相和富勒烯聚集相,因此在微纳管中同时存在空穴和电子的传输通道。HBC-4 的自组装微纳管具有良好的光开关性能,其开关比超过 $10^4$。而 HBC-1 自组装形成的微纳管因缺少传输电子的富勒烯聚集相,表现出极小的光电流。

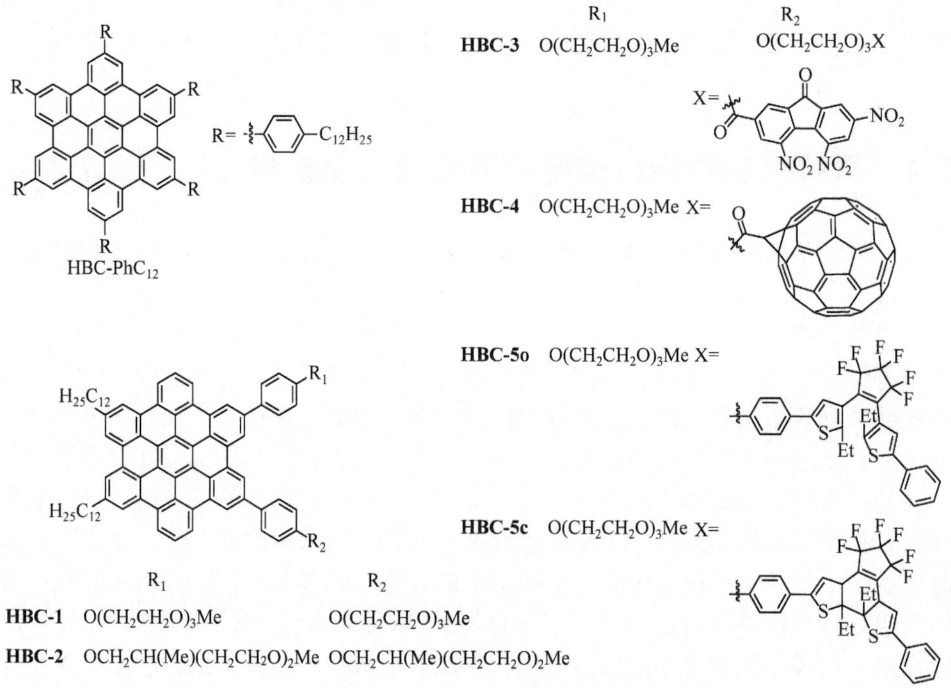

图 5-15　典型的构筑有机微纳管的六苯并蔻衍生物的化学结构[18, 19, 53-56]

基于富勒烯的给受体二联体两亲性分子也是一类被广泛研究的能形成微纳管结构的有机功能小分子[57-59],该类分子间存在 TEG 与π共轭体系间的亲疏水相互作用、富勒烯与富勒烯之间的π-π相互作用、给体π体系间的π-π相互作用、富勒烯与给体π体系之间的π-π相互作用。日本理化研究所的 Aida 课题组报道了由分子 ZnP-C$_{60}$-1 和 ZnP-C$_{60}$-2 自组装形成管状结构(图 5-16)。由于分子 ZnP-C$_{60}$-1 的骨架呈现柔性而 ZnP-C$_{60}$-2 分子骨架呈现刚性,因而两种分子在自组装的过程中采取了不同的分子堆积方式。分子 ZnP-C$_{60}$-1 通过自组装形成了分别含有富勒烯相、锌卟啉相和 TEG 链相的双分子层微纳管；而分子 ZnP-C$_{60}$-2 受到刚性骨架扭转角的限制，在组装过程中形成了含有富勒烯-锌卟啉交替相和 TEG 链相的准单分子层微纳管。由于组装结构的不同，分子 ZnP-C$_{60}$-1 和分子 ZnP-C$_{60}$-2 在光伏器件中表现出了截然不同的性能。在 ZnP-C$_{60}$-2 微纳管中，给体片段和受体片段形成了交替的同一相，因此微纳管的开路电压较低，仅为 0.16 V。而给体相和受体相分离的 ZnP-C$_{60}$-1 微纳管则具有较高的开路电压，达到 0.66 V。但两种微纳管的短路电流均为皮安(pA)级别，因此如何提高载流子分离和传输效率是该类微纳管应用在光伏器件中亟待解决的问题。

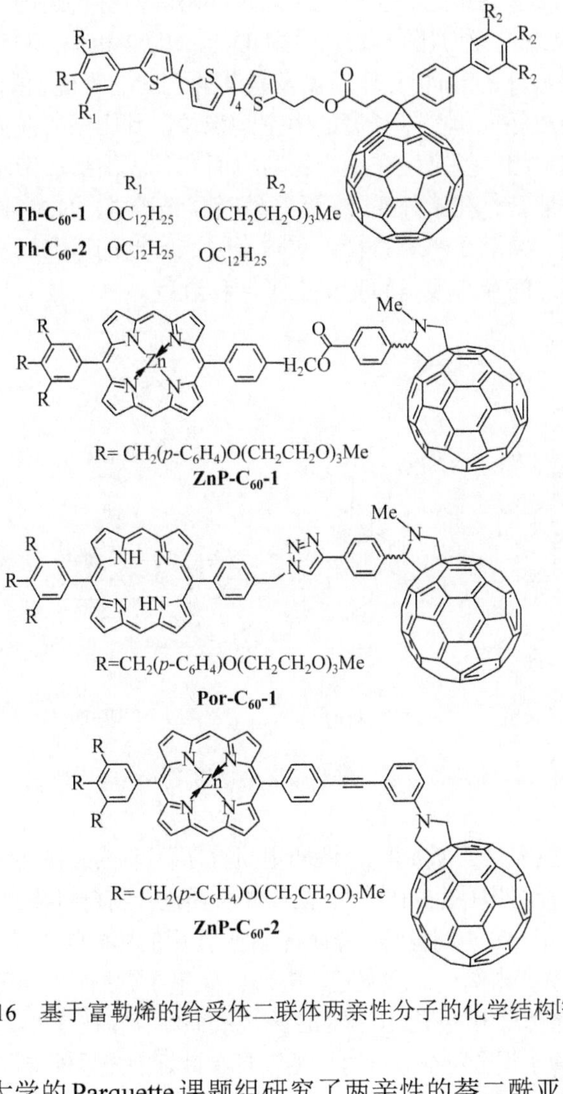

图 5-16　基于富勒烯的给受体二联体两亲性分子的化学结构[57-59]

俄亥俄州立大学的 Parquette 课题组研究了两亲性的萘二酰亚胺类化合物的自

组装行为[60-64]。Parquette 课题组将氨基酸引入萘二酰亚胺的烷基侧链，合成了化合物 NDI1、NDI2（图 5-17）。对自组装行为进行研究发现，NDI1 通过萘二酰亚胺间的π-π相互作用和氨基酸之间的氢键、偶极-偶极相互作用自组装形成径向单分子长度的中空纳米轮，其中萘二酰亚胺在纳米轮内侧形成疏水相，氨基酸在纳米轮内表面和外表面形成亲水相，纳米轮再堆砌形成中空的微纳管。而含不对称烷基链的化合物 NDI2 自组装形成径向双分子长度的中空纳米轮，其中萘二酰亚胺在纳米轮内侧形成疏水相，氨基酸在纳米轮内表面和外表面形成亲水相，纳米轮堆砌形成种类繁多的微纳米带、微纳螺旋和微纳米管等结构。

随后 Parquette 课题组进一步研究了通过卟啉环对称桥连的二萘二酰亚胺衍生物 NDI$_2$-Por 的自组装行为（图 5-17）。与 NDI1、NDI2 相似，利用萘二酰亚胺间的π-π相互作用、卟啉环的π-π相互作用以及氨基酸之间的氢键、偶极-偶极相互作用，NDI$_2$-Por 自组装成径向单分子长度的中空纳米轮，其中萘二酰亚胺和卟啉环在纳米轮内侧形成疏水相，氨基酸在纳米轮内表面和外表面形成亲水相，纳米轮再堆砌形成中空的微纳管。在紫外-可见-近红外吸收光谱中，NDI$_2$-Por 自组装的微纳管表现出优异的 J 型激子耦合特征。对瞬态吸收光谱的研究表明，在卟啉基团和萘二酰亚胺基团之间存在很强的光子电子转移过程。

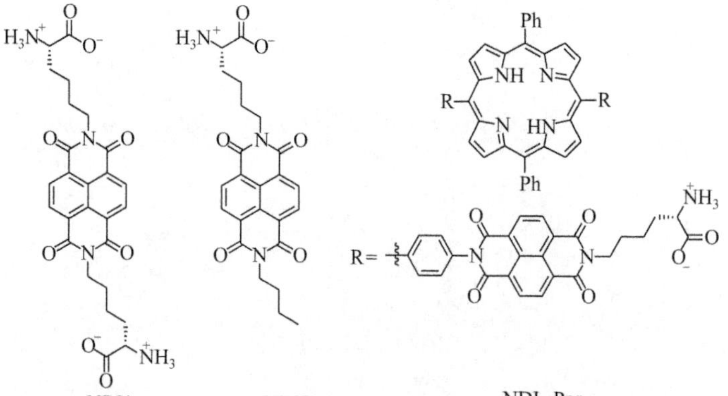

图 5-17　萘二酰亚胺衍生物的化学结构[60-64]

德国维尔茨堡大学的 Würthner 课题组研究了两亲性的锌卟吩类化合物 ZnCh3 自组装成的微纳管结构（图 5-18）[65]。在锌卟吩类化合物自组装的过程中，锌卟吩大环间的π-π相互作用、分子间氢键、金属-氧配位作用的协同作用导致了锌卟吩大环的聚集相形成于微纳管内侧，而寡聚乙二醇链则聚集在微纳管外侧形成亲水聚集相。由于锌卟吩大环的聚集相的形成，ZnCh3 形成的微纳管在在紫外-可见-近红外吸收光谱中表现出 J 型激子耦合特征，同时微纳管具有良好的光导性能。

通常的微纳管由两亲性或者广义两亲性的有机小分子自组装形成,而中国科学院的 Zhang(张晓宏)和香港城市大学的 Lee 课题组报道了一例由非两亲性分子 DAPMP 经溶剂腐蚀形成的矩形微纳管结构(图 5-19)[66]。由于在分子间存在强的π-π相互作用、给受体相互作用,化合物 DAPMP 有沿π-π堆积方向形成一维聚集体的倾向。在没有模板、表面活性剂的生长条件下,化合物 DAPMP 在四氢呋喃溶液中可以形成形状规整的长方体柱状微纳棒。由于微纳棒中心位置缺陷态的存在,化合物 DAPMP 的微纳棒的中心位置可以被溶剂逐渐侵蚀,最终形成规整的中空型微纳管。化合物 DAPMP 的微纳管聚集体有良好的非线性光学性能,在 800 nm 的红外激光照射下能够发射出 400 nm 紫外光,是一种优异的非线性光学材料。

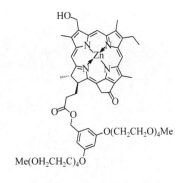

图 5-18  锌卟吩衍生物 ZnCh3[65]

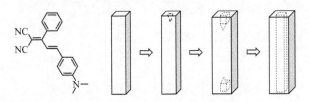

图 5-19  化合物 DAPMP 的分子结构及形成微纳管结构的溶剂刻蚀机理[66]

有机光电功能材料在自组装成微纳管的过程中往往会形成π共轭体系的聚集相,π共轭体系的聚集相的形成对材料的光学性质具有重要影响,北京大学 Zhao(赵达慧)课题组发表在 Chemical Society Reviews 杂志上的综述详细论述了聚集体特别是微纳管状聚集体对有机功能材料光学性质的影响[67]。除光学性质外,π共轭体系的聚集相会在微纳管中形成有效的电荷传输通道。目前,有机微纳管可以作为光导器件、光伏器件的活性层实现在光电器件中的应用,但提高有机微纳管的载流子传输性能和解决其阵列化加工是其进一步在光电子器件中应用亟待解决的重要问题。

## 5.5  花形有机微纳结构与分级自组装

有机微纳米花结构是一种三维的有机微纳自组装体形态[68-72]。Nakanishi 课题组报道了由富勒烯衍生物 **5-5-1** 自组装得到微纳米花结构(图 5-20)[68]。X 射线衍射、高分辨透射电镜研究表明 **5-5-1** 自组装形成的微纳米花中形成了规整的双分

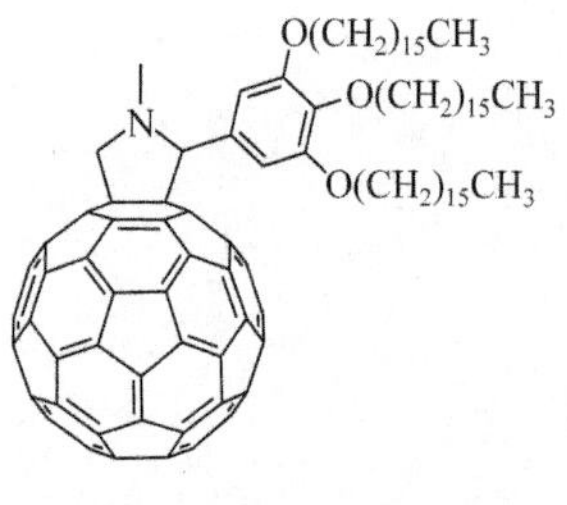

子层结构。生长机理研究表明，微纳米花首先由 **5-5-1** 聚集成二维碟状结构，之后二维碟状结构通过卷曲、扭曲、弯曲、拉伸形成准三维结构，再通过分级组装形成三维微纳米花结构。

北京大学 Pei（裴坚）课题组报道了由化合物 **5-5-2a** 和 **5-5-2b** 形成的微纳米花结构（图 5-21）[72]。对生长机理的研究表明，化合物 **5-5-2a**、**5-5-2b** 在自组装的过程中首先形成椭圆状或者碟状的二维前驱体，为减小应变能，二维前驱体的边缘在生长的过程中向各个方向发生分叉和卷曲。在边缘分叉和生长的过程中，前驱体的内表面由于有足够的生长空间，向各个方向分叉、生长。最终，前驱体由二维结构生长成为复杂的三维结构。

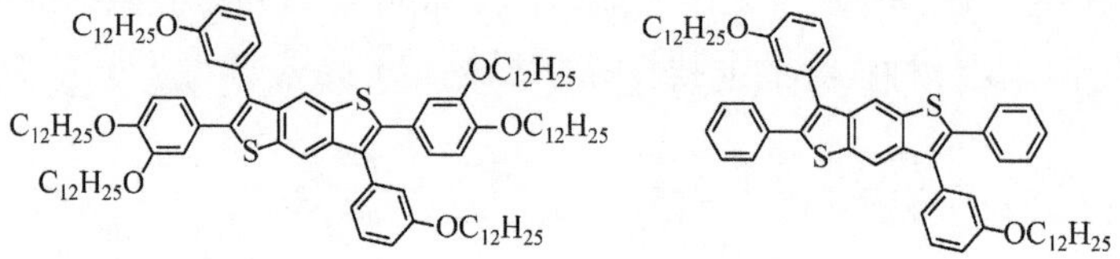

图 5-20　富勒烯衍生物 **5-5-1** 的化学结构[68]

图 5-21　化合物 **5-5-2a** 和 **5-5-2b** 的化学结构[72]

相比于传统的基于有机功能材料的溶液或者薄膜材料[73, 74]，有机微纳米花结构是一种固体材料，同时具有高比表面积，在气体检测、爆炸物探测和生物检测中具有重要的应用价值。北京大学 Pei（裴坚）课题组报道了一例由有机微纳米花滴涂法制备的爆炸物检测器件[71]，利用 2,4-二硝基甲苯和 2,4,6-三硝基甲苯对微纳米花荧光猝灭实现对爆炸物的灵敏检测，器件展现出较好的稳定性和可靠性，可重复使用 700 次以上。

除气体等的检测外，微纳米花结构由于具有高比表面积，在制备疏水及黏附疏水材料中具有潜在应用价值。大多数有机材料都表现出疏水性，而要实现超疏水性则要求材料在微米和纳米尺度都具有很大的比表面积[75]。Nakanishi 课题组报道了由富勒烯衍生物自组装的微纳米花结构展现出超疏水性，其接触角可高达 152°[68]。Pei（裴坚）课题组报道了由化合物 **5-5-2a** 自组装得到的微纳米花，同样表现出超疏水性，接触角可高达 161°以上，滑动角小于 3°[72]；而由化合物 **5-5-2b** 自组装得到的微纳米花则表现出优异的黏附超疏水性，可作为疏水或者黏附疏水涂层在材料表面包封上实现重要应用。

有机微纳米花结构是一类不同于无定形三维结构的结晶性、内部分子排列规整和比表面积高的微纳聚集体，可以作为稳定的功能材料在光电功能器件中得到重要应用。不同于微纳螺旋结构和微纳管状结构，有机微纳米花结构本身具有多晶的内在特性，电荷传输性能较差，因而不适用于对电荷传输要求较高的光电子器件，但可以作为对光、磁场等外界刺激具有灵敏响应的活性层应用于气体检测器等器件中。对有机微纳米花的尺寸和尺寸分散度的控制，以及对溶液加工的有机微纳米花薄膜的加工工艺优化将进一步促进其大规模应用。

## 参 考 文 献

[1] Coropceanu V C, Jérôme S F, Demetrio A O, et al. Charge transport in organic semiconductors. Chem Rev, 2007, 107: 926-952.

[2] Mei J, Diao Y, Appleton A L, et al. Integrated materials design of organic semiconductors for field-effect transistors. J Am Chem Soc, 2013, 135: 6724-6746.

[3] Beaujuge P M, Fréchet J M J. Molecular design and ordering effects in π-functional materials for transistor and solar cell applications. J Am Chem Soc, 2011, 133: 20009-20029.

[4] Lei T, Wang J, Pei J. Roles of flexible chains in organic semiconducting materials. Chem Mater, 2014, 26: 594-603.

[5] Wang C, Dong H, Hu W, et al. Semiconducting π-conjugated systems in field-effect transistors: A material odyssey of organic electronics. Chem Rev, 2012, 112: 2208-2267.

[6] Wu Q, Ren S, Wang M, et al. Alkyl chain orientations in dicyanomethylene-substituted 2,5-di(thiophen-2-yl)thieno-[3,2-b]thienoquinoid: Impact on solid-state and thin-film transistor performance. Adv Funct Mater, 2013, 23: 2277-2284.

[7] Tsutsui Y, Schweicher G, Chattopadhyay B, et al. Unraveling unprecedented charge carrier mobility through structure property relationship of four isomers of didodecyl[1]benzothieno[3,2-b][1]benzothiophene. Adv Mater, 2016, 28: 7106-7114.

[8] Wang J, Yan J, Li Z, et al. Isomeric effect on microscale self-assembly: Interplay between molecular property and solvent polarity in the formation of 1 D n-type microbelts. Chem Eur J, 2008, 14: 7760-7764.

[9] Wang X, Lin H, Pei J, et al. Azaborine compounds for organic field-effect transistors: Efficient synthesis, remarkable stability, and BN dipole interactions. Angew Chem Int Ed, 2013, 52: 3117-3120.

[10] Lei T, Dou J, Pei J. Influence of alkyl chain branching positions on the hole mobilities of polymer thin-film transistors. Adv Mater, 2012, 24: 6457-6461.

[11] Zhang F, Hu Y, Schuettfort T, et al. Critical role of alkyl chain branching of crganic semiconductors in enabling solution-processed n-channel organic thin-film transistors with mobility of up to 3.50 cm$^2 \cdot$ V$^{-1} \cdot$ s$^{-1}$. J Am Chem Soc, 2013, 135: 2338-2349.

[12] Baeyer A. Ueber regelmässigkeiten im schmelzpunkt homologer verbindungen. Ber Chem Ges, 2006, 10: 1286-1288.

[13] Ding L, Li H, Lei T, et al. Alkylene-chain effect on microwire growth and crystal packing of π-moieties. Chem Mater, 2012, 24: 1944-1949.

[14] Saito S, Nakakura K, Yamaguchi S. Macrocyclic restriction with flexible alkylene linkers: A simple strategy to control the solid-state properties of π-conjugated systems. Angew Chem Int Ed, 2012, 51, 714-717.

[15] Takimiya K, Shinamura S, Osaka I, et al. Thienoacene-based organic semiconductors. Adv Mater, 2011, 23: 4347-4370.

[16] Ebata H, Izawa T, Miyazaki E, et al. Highly soluble [1]benzothieno[3,2-b]benzothiophene (BTBT) derivatives for high-performance, solution-processed organic field-effect transistors. J Am Chem Soc, 2007, 129: 15732-15733.

[17] Liu J, Zhang Y, Phan H, et al. Effects of stereoisomerism on the crystallization behavior and optoelectrical properties of conjugated molecules. Adv Mater, 2013, 25: 3645-3650.

[18] Jin W, Yamamoto Y, Fukushima T, et al. Systematic studies on structural parameters for nanotubular assembly of hexa-peri-hexabenzocoronenes. J Am Chem Soc, 2008, 130: 9434-9440.

[19] Yamamoto Y, Fukushima T, Suna Y, et al. Photoconductive coaxial nanotubes of molecularly connected electron donor and acceptor layers. Science, 2006, 314: 1761-1764.

[20] Zhang W, Jin W, Fukushima T, et al. Supramolecular linear heterojunction composed of graphite-like semiconducting nanotubular segments. Science, 2011, 334: 340-343.

[21] Yin J, Zhou Y, Lei T, et al. A butterfly-shaped amphiphilic molecule: Solution-transferable and free-standing bilayer films for organic transistors. Angew Chem Int Ed, 2011, 50: 6320-6323.

[22] Mei J, Graham K R, Stalder R, et al. Self-assembled amphiphilic diketopyrrolopyrrole-based oligothiophenes for field-effect transistors and solar cells. Chem Mater, 2011, 23: 2285-2288.

[23] Kanimozhi C, Yaacobi G N, Chou K W, et al. Diketopyrrolopyrrole-diketopyrrolopyrrole-based conjugated copolymer for high-mobility organic field-effect transistors. J Am Chem Soc, 2012, 134: 16532-16535.

[24] Facchetti A, Mushrush M, Yoon M H, et al. Building blocks for n-type molecular and polymeric electronics. Perfluoroalkyl-versus alkyl-functionalized oligothiophenes ($n$Ts; $n$=2~6). Systematics of thin film microstructure, semiconductor performance, and modeling of majority charge injection in field-effect transistors. J Am Chem Soc, 2004, 126: 13859-13874.

[25] Yoon M H, DiBenedetto S A, Facchetti A, et al. Organic thin-film transistors based on carbonyl-functionalized quaterthiophenes: High mobility n-channel semiconductors and ambipolar transport. J Am Chem Soc, 2005, 127: 1348-1349.

[26] Katz H E, Lovinger A J, Johnson J, et al. A soluble and air-stable organic semiconductor with high electron mobility. Nature, 2000, 404: 478-481.

[27] Jones B A, Ahrens M J, Yoon M H, et al. High-mobility air-stable n-type semiconductors with processing versatility: Dicyanoperylene-3,4:9,10-bis(dicarboximides). Angew Chem Int Ed, 2004, 43: 6363-6366.

[28] Cooper W F, Kenny N C, Edmonds J W, et al. Crystal and molecular structure of the aromatic sulphur compound 2,2'-bi-1,3=dithiole. Evidence for d-orbital participation in bonding. Chem

Comm, 1971, 751: 889.

[29] Ellern A, Bernstein J, Becker J Y. A new polymorphic modification of tetrathiafulvalene. Crystal structure, lattice energy and intermolecular interactions. Chem Mater, 1994, 6: 1378-1385.

[30] Jiang H, Yang X J, Cui Z D, et al. Phase dependence of single crystalline transistors of tetrathiafulvalene. Appl Phys Lett, 2007, 91: 123505.

[31] Li H, Tee B C K, Cha J J, et al. High-mobility field-effect transistors from large-area solution-grown aligned $C_{60}$ single crystals. J Am Chem Soc, 2012, 134: 2760-2765.

[32] Wang X F, Zhang L, Liu M. Supramolecular gels: Structural diversity and supramolecular chirality. Acta Phys Chim Sin, 2016, 32: 227-238.

[33] Das A K, Bose P P, Drew M, et al. The role of protecting groups in the formation of organogels through a nano-fibrillar network formed by self-assembling terminally protected tripeptides. Tetrahedron, 2007, 63: 7432-7442.

[34] Zhu X, Duan P, Zhang L, et al. Regulation of the chiral twist and supramolecular chirality in co-assemblies of amphiphilic L-glutamic acid with bipyridines. Chem Eur J, 2011, 17: 3429-3437.

[35] Qin L, Xie F, Liu M. Driving helical packing of a cyanine dye on dendron nanofiber: Gel-shrinkage-triggered chiral H-aggregation and enhanced enantiodiscrimination. Chem Eur J, 2015, 21: 11300-11305.

[36] Wang X, Duan P, Liu M. Self-assembly of pi-conjugated gelators into emissive chiral nanotubes: Emission enhancement and chiral detection. Chem Asian J, 2014, 9: 770-778.

[37] Qing G Y, Shan X X, Chen W, et al. Solvent-driven chiral-interaction reversion for organogel formation. Angew Chem Int Ed, 2014, 53: 2124-2129.

[38] Babu S S, Mahesh S, Kartha K K, et al. Solvent-directed self-assembly of pi gelators to hierarchical macroporous structures and aligned fiber bundles. Chem Asian J, 2009, 4: 824-829.

[39] Miao W, Qin L, Yang D, et al. multiple-stimulus-responsive supramolecular gels of two components and dual chiroptical switches. Chem Eur J, 2015, 21: 1064-1072.

[40] Meazza L, Foster J A, Fucke K, et al. Halogen-bonding-triggered supramolecular gel formation. Nat Chem, 2013, 5: 42-47.

[41] Xu H Q, Song J, Tian T, et al. Estimation of organogel formation and influence of solvent viscosity and molecular size on gel properties and aggregate structures. Soft Matter, 2012, 8: 3478-3486.

[42] Lv K, Zhang L, Liu M. Self-assembly of triangular amphiphiles into diverse nano/microstructures and release behavior of the hollow sphere. Langmuir, 2014, 30: 9295-9302.

[43] Kulbaba K, Cheng A, Bartole A, et al. Polyferrocenylsilane microspheres: Synthesis, mechanism of formation, size and charge tunability, electrostatic self-assembly, and pyrolysis to spherical magnetic ceramic particles. J Am Chem Soc, 2002, 124: 12522-12534.

[44] Cao X H, Gao A P, Lv H T, et al. Light and acid dual-responsive organogel formation based on m-methyl red derivative. Org Biomol Chem, 2013, 11: 7931-7937.

[45] Huang C S, Wen L P, Liu H B, et al. Controllable growth of 0D to multidimensional

nanostructures of a novel porphyrin molecule. Adv Mater, 2009, 21: 1721-1725.

[46] Huang X, Li C, Jiang S G, et al. Self-assembled spiral nanoarchitecture and supramolecular chirality in Langmuir-Blodgett films of an achiral amphiphilic barbituric acid. J Am Chem Soc, 2004, 126: 1322-1323.

[47] Wang M F, Mohebbi A R, Sun Y, et al. Ribbons, vesicles, and baskets: Supramolecular assembly of a coil-plate-coil emeraldicene derivative. Angew Chem Int Ed, 2012, 51: 6920-6924.

[48] Zhou W, Lin L J, Zhao D Y, et al. Synthesis of nickel bowl-like nanoparticles and their doping for inducing planar alignment of a nematic liquid crystal. J Am Chem Soc, 2011, 133: 8389-8391.

[49] Oda R, Huc I, Candau S J, et al. Tuning bilayer twist using chiral counterions. Nature, 1999, 399: 566-569.

[50] Chen H B, Zhou Y, Yin J, et al. Single organic microtwist with tunable pitch. Langmuir, 2009, 25: 5459-5462.

[51] Lei T, Pei J. Solution-processed organic nano- and micro-materials: Design strategy, growth mechanism and applications. J Mater Chem, 2012, 22: 785-798.

[52] Bong D T, Clark T D, Granja J R, et al. Self-assembling organic nanotubes. Angew Chem Int Ed, 2001, 40: 988-1011.

[53] Hill J P, Jin W S, Kosaka A K, et al. Self-assembled hexa-*peri*-hexabenzocoronene graphitic nanotube. Science, 2004, 304: 1481-1483.

[54] Jin W, Fukushima T, Niki M, et al. Self-assembled graphitic nanotubes with one-handed helical arrays of a chiral amphiphilic molecular graphene. P Natl Acad Sci USA, 2005, 102: 10801-10806.

[55] Schmidt-Mende L, Fechtenkotter A, Müllen K, et al. Self-organized discotic liquid crystals for high-efficiency organic photovoltaics. Science, 2001, 293: 1119-1122.

[56] Yamamoto Y, Zhang G, Jin W, et al. Ambipolar-transporting coaxial nanotubes with a tailored molecular graphene-fullerene heterojunction. P Natl Acad Sci USA, 2009, 106: 21051-21056.

[57] Charvet R, Yamamoto Y, Sasaki T, et al. Segregated and alternately stacked donor/acceptor nanodomains in tubular morphology tailored with zinc porphyrin-$C_{60}$ amphiphilic dyads: Clear geometrical effects on photoconduction. J Am Chem Soc, 2012, 134: 2524-2527.

[58] Hizume Y, Tashiro K, Charvet R, et al. Chiroselective assembly of a chiral porphyrin-fullerene dyad: Photoconductive nanofiber with a top-class ambipolar charge-carrier mobility. J Am Chem Soc, 2010, 132: 6628-6629.

[59] Li W S, Yamamoto Y, et al. Amphiphilic molecular design as a rational strategy for tailoring bicontinuous electron donor and acceptor arrays: Photoconductive liquid crystalline oligothiophene-C(60) dyads. J Am Chem Soc, 2008, 130: 8886-8887.

[60] Shao H, Gao M, Kim S H, et al. Aqueous self-assembly of L-lysine-based amphiphiles into 1D n-Type nanotubes. Chem Eur J, 2011, 17: 12882-12885.

[61] Shao H, Nguyen T, Romano N C, et al. Self-assembly of 1-D n-type nanostructures based on naphthalene diimide-appended dipeptides. J Am Chem Soc, 2009, 131: 16374-16376.

[62] Shao H, Parquette J R. A pi-conjugated hydrogel based on an Fmoc-dipeptide naphthalene diimide semiconductor. Chem Comm, 2010, 46: 4285-4287.

[63] Shao H, Seifert J, Romano N C, et al. Amphiphilic self-assembly of an n-type nanotube. Angew Chem Int Ed, 2010, 49: 7688-7691.

[64] Tu S, Kim S H, Joseph J, et al. Self-assembly of a donor-acceptor nanotube. A strategy to create bicontinuous arrays. J Am Chem Soc, 2011, 133: 19125-19130.

[65] Sengupta S, Ebeling D, Patwardhan S, et al. Biosupramolecular nanowires from chlorophyll dyes with exceptional charge-transport properties. Angew Chem Int Ed, 2012, 51: 6378-6382.

[66] Zhang X J, Zhang X H, Shi W, et al. Single-crystal organic microtubes with a rectangular cross section. Angew Chem Int Ed, 2007, 46: 1525-1528.

[67] Yan Q F, Luo Z Y, Cai K, et al. Chemical designs of functional photoactive molecular assemblies. Chem Soc Rev, 2014, 43: 4199-4221.

[68] Nakanishi T, Ariga K, Michinobu T, et al. Flower-shaped supramolecular assemblies: Hierarchical organization of a fullerene bearing long aliphatic chains. Small, 2007, 3: 2019-2023.

[69] Nakanishi T, Michinobu T, Yoshida K, et al. Nanocarbon superhydrophobic surfaces created from fullerene-based hierarchical supramolecular assemblies. Adv Mater, 2008, 20: 443-446.

[70] Shimizu T, Masuda M, Minamikawa H, et al. Supramolecular nanotube architectures based on amphiphilic molecules. Chem Rev, 2005, 105: 1401-1443.

[71] Wang L, Zhou Y, Yan J, et al. Organic supernanostructures self-assembled via solution process for explosive detection. Langmuir, 2009, 25: 1306-1310.

[72] Yin J, Yan J, He M, et al. Solution-processable flower-shaped hierarchical structures: Self-assembly, formation, and state transition of biomimetic superhydrophobic surfaces. Chem Eur J, 2010, 16: 7309-7318.

[73] Crooks R M, Ricco A J. New organic materials suitable for use in chemical sensor arrays. Acc Chem Res, 1998, 31: 219-227.

[74] Thomas S W, Joly G D, Swager T M, et al. Chemical sensors based on amplifying fluorescent conjugated polymers. Chem Rev, 2007, 107: 1339-1386.

[75] Feng X, Jiang L. Design and creation of superwetting/antiwetting surfaces. Adv Mater, 2006, 18: 3063-3078.

# 第6章

# 有机微纳结构功能化后修饰

近年来，有机微纳结构被广泛应用于有机光电子器件中，如有机场效应晶体管、光检测器和光波导器件等，吸引了学术界和工业界的关注[1-15]。不同种类的光电子器件对活性材料有不同的要求。例如，有机场效应晶体管要求活性层材料具有高的载流子迁移率，而光检测器要求材料具有强的光响应性等。为满足不同器件的需求，大量研究都致力于从化学结构出发，发展具有不同特定功能的有机材料。虽然有机材料结构多样、易调节，但要设计、合成并开发一种易于加工且性能优异的有机材料并不简单。对于有机微纳结构而言，实际上除了筛选化学结构外，调控有机材料的生长形态，控制微纳结构的形貌，以及对其进行后修饰（如表面改性等）对器件的功能性质也有重要的影响[7,8]。但是由于缺乏合理的理论指导和有效的表征方法，微纳结构的后修饰往往容易受到人们的忽视。

由p型和n型有机半导体组成的一维p-n异质结在现代光电子器件中极其重要，它们不但是研究p-n异质结界面上电荷传输和有机光电子器件工作原理的良好平台，而且是复杂的集成电路的组成基元[16-21]。含有多个具有特殊功能的异质结的微纳结构在实现新型、高性能、复杂功能的器件上有巨大的潜在应用价值。图6-1总结了目前已报道的一维有机单晶p-n异质结的典型结构,包括交错堆积、双层、多嵌段、核-壳和支链结构。这些有机异质结结构可以通过使用第二组分在由第一组分组成的单晶表面进行后修饰而获得。但目前纯有机-有机异质结的制备仍然具有挑战性，特别是有机单晶p-n异质结的生长。理解有机分子的可控生长和自组装过程是构筑尺寸均一的一维有机p-n异质结的基础。在无机半导体中常用的气相沉积、溅射氧化、掺杂剂的扩散以及离子的移动等在有机半导体中往往不适用[22-24]。用于制备有机单晶异质结的两组分需要满足一定的条件，包括强的分子间相互作用和高度匹配的晶格参数[25-28]。此外，为实现光电子器件的功能化应用，两个组分的能级要匹配以达到有效的电荷传输和光电转换[29]。在这些指导策略下，为满足不同功能器件的需求，若干可用于构筑有机 p-n 异质结的新技术被发展出来。这些有机微纳结构的后修饰方法主要包括层压法、气相法和溶液法等。目前，通过这些后修饰方法获得的有机 p-n 异质结已应用在新型有机光电子器件以及器件传输机理研究中[17,20,25]。本章将着重讨论有机微纳结构的功能化后修饰方法，以及通过这些方法构筑的一维有机单晶 p-n 异质结及其器件应用在近年的重要进展。

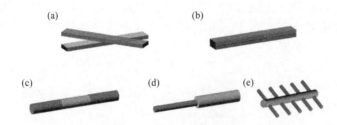

图 6-1　一维有机单晶 p-n 异质结典型结构示意图

(a) 交错堆积结构；(b) 双层结构；(c) 多嵌段结构；(d) 核-壳结构；(e) 支链结构

## 6.1　层压技术

层压技术是一种温和地制备有机单晶异质结的方法。层压技术可以直接简单地把相对柔软、薄且平整的有机晶体通过静电力黏附在另一个表面上层压在一起，最终形成异质结结构。该方法已成功应用在蒽[30]、并四苯[31]、并五苯[32]、红荧烯[33,34]和金属酞菁类[35]等有机材料上。层压技术要求所使用基底的表面足够平整，粗糙度应当小于若干纳米。

2007 年，Takeya 课题组[36]首次报道了使用层压技术黏合红荧烯和二苯基蒽单晶。其中红荧烯作为半导体材料，二苯基蒽作为介电材料，共同构筑有机场效应晶体管，通过四探针法测试得到的空穴迁移率高达 35 $cm^2/(V \cdot s)$。随后，Morpurgo 和合作者[37]将有机半导体 TTF 和 TCNQ 的晶体进行层压加工，其过程如图 6-2 所示(扫描封底二维码可见本图彩图)，最终得到有机单晶的电荷转移界面。有趣的是，变温实验结果显示该有机-有机 p-n 异质结界面表现出金属的导电性质。用两探针法和四探针法测量得到的电阻分别为 100 kΩ 和 1～30 kΩ，大大地低于 TTF 和 TCNQ 晶体的电阻(>$10^9$ Ω)。该低电阻是由于在界面上发生了从电子给体 TTF 至电子受体 TCNQ 的电荷转移，因此界面上存在大量自由的载流子，该过程有别于 TTF-TCNQ 复合物中本体的电荷转移[38]。

随后，更多类似的有机-有机单晶异质结体系包括 TMTSF(tetramethyltetraselenafulvalene，四甲基四硒富瓦烯)-TCNQ[39]、红荧烯-PDIF-CN₂[40]、红荧烯-$F_x$-TCNQ[41]

异质结被成功制备出来,并且在这些界面上都观察到了类似的电学传输性质。红荧烯-PDIF-CN$_2$ 体系被构筑成肖特基异质结来评估有机电荷转移界面的电子学性质。除了体现出金属性的电导外,光导也能在有机单晶电荷转移界面上实现。Alves 课题组[42]证明了在红荧烯-TCNQ 单晶异质结界面上存在光响应特性,光生激子会在界面上分离并分别在界面两端形成空穴和电子,其效率达到 1 A/W,接近 100% 的外量子效率。该电荷转移界面对光的吸收比单一的红荧烯高两个数量级。在一个表面光滑的有机单晶上通过层压的后修饰方法,可以得到高质量的有机单晶异质结界面。该界面可以用于研究有机半导体中激子的性质[43,44],如分子组装和激子扩散之间的关系。

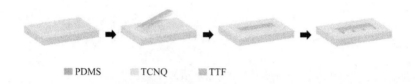

图 6-2 利用层压技术后修饰 TCNQ 表面形成 TTF-TCNQ 电荷转移界面的加工步骤示意图

总而言之,层压技术是一种温和且通用的构筑高质量有机单晶异质结的方法。获得的异质结是研究界面上的物理现象的优异体系。但是,该方法一般要求晶体的尺寸是微米级别,且表面平整,因此对晶体的生长过程和晶体质量的要求都比较高。另外,手工层压时也比较难控制两个晶体之间的取向,以致不同实验条件下得到的界面结构和电子学性质可能会有所变化[37,42]。

## 6.2 物理气相转移法

2010 年 Hu(胡文平)与 Briseno 课题组[17]利用物理气相转移法,首次制备了基于全氟酞菁铜($F_{16}$CuPc)和酞菁铜(CuPc)的单晶双层 p-n 异质结(图 6-3),这是该领域的一项突破性的工作。他们首先在 SiO$_2$ 基底上预生长了 CuPc 的单晶纳米线。由于 $F_{16}$CuPc 和 CuPc 的 (001) 面的晶格参数匹配良好,因此,此 CuPc 单晶纳米线可以作为 $F_{16}$CuPc 选择性结晶的模板,把 $F_{16}$CuPc 生长在 CuPc 单晶纳米线上,从而通过两步法实现在分子尺度上结构明确的高质量 p-n 界面异质结的构筑。该 p-n 异质结被制备成有机场效应晶体管,其电子迁移率和空穴迁移率分别是 0.05 cm$^2$/(V·s) 和 0.07 cm$^2$/(V·s)。此外,以该异质结为活性材料的有机太阳电池的能量转化效率为 0.007%(100 mW/cm$^2$)。

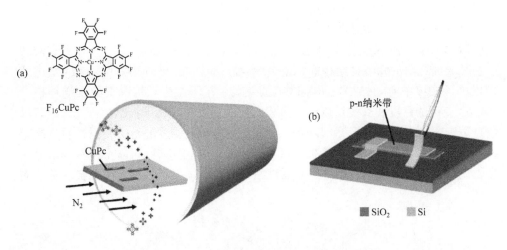

图 6-3  CuPc-F$_{16}$CuPc 异质结的制备及其器件化

(a) 利用物理气相转移法在 CuPc 上修饰 F$_{16}$CuPc 异质结的示意图；(b) 器件结构示意图

随后，同样利用物理气相转移技术，Zhao（赵永生）、Hu（胡文平）与 Yao（姚建年）课题组[45]通过一步法制备了基于 p 型的 CuPc 和 n 型的 5,10,15,20-四(4-吡啶基卟啉)(H$_2$TPyP)的核-壳结构的有机单晶异质结纳米阵列(图 6-4，扫封底二维码可见本图彩图)。在两组分共蒸时，H$_2$TPyP 会首先沉积在基底上作为成核中心，其后 H$_2$TPyP 通过 π-π 相互作用在 CuPc 上结晶，由此得到核-壳结构的有机单晶异质结纳米线。选区电子衍射证明了该核-壳结构的获得。此共轴 p-n 异质结被加工成了多种电子学器件，包括开关比为 100 的光致开关器件和能量转化效率为 0.08% 的光伏器件等。

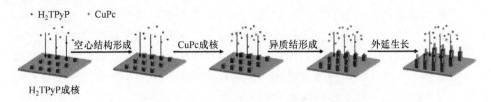

图 6-4  CuPc-H$_2$TPyP 异质结纳米阵列生长示意图

## 6.3 分子束外延技术

利用分子束外延技术，Sassella 课题组[46]以红荧烯和 α-四噻吩为研究对象，构筑了纳米图案化的有机单晶 p-n 异质结并研究了它的生长过程。研究表明，选择合适的基底对晶体的生长非常重要。此外，研究人员展示了在基底上完整转移纳米尺度的图案化的异质结的方法。赵永生课题组[47]利用两步法构筑了以 Alq₃ 为主干、以 DAAQ 为分支的支链结构有机纳米线异质结(图 6-5)。首先，作者在溶液中生长表面光滑的六棱柱结构的 Alq₃ 微米线，为在其上外延生长 DAAQ 支链结构提供了成核中心。扫描电子显微镜图像显示了不同生长情况下的支链结构。DAAQ 支链的密度和长度可以通过沉积时间和温度来精确调控。发射光谱中可以清楚地观察到在 Alq₃ 主干和 DAAQ 分支上分别具有绿光和红光发射性质，同时证明了两组分之间有明确的界面和相分离行为。这些异质结可以用作具有单输入多输出的多信道光学路由器，并且通过两组分之间的能量转移，可以实现颜色的转变。

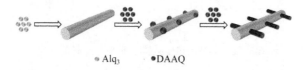

图 6-5  支链结构有机纳米线异质结的生长过程示意图

## 6.4 溶液法

利用物理气相转移法和分子束外延技术生长有机单晶成本较高，通常需要严格控制高温环境和生长时间等生长条件。与此相比，溶液法则是一个更为方便、成本更低的方法。但是，如何选择合适的正交溶剂来避免 p 型和 n 型有机半导体在生长过程中的干扰，仍然是利用溶液法生长有机 p-n 异质结的一大挑战。

有机半导体具有可溶液加工的优点，从溶液中生长有机半导体晶体是理想的加工方法。2012 年，Bao(鲍哲南)课题组[48]发展了液滴固定结晶法(DPC)。这是一种从溶液中生长高质量、阵列化有机半导体单晶的有效方法。通过使用正交溶剂分步结晶，可以获得由两组分组成的单晶异质结。在第一步结晶过程中首先形成第一层单晶，然后以此作为成核中心，在另一种正交溶剂中可以生长出第二层晶体。但是，这个方法具有一定的局限性，两组分可能单独生长成尺寸小的晶体，而非层状单晶异质结。

液滴固定结晶法是一种温和的、能高度阵列化的大面积溶液加工方法。随着被固定在基底上的液滴的挥发，由于受到一定的作用力诱导，因此溶剂的挥发具有方向性，使有机分子有取向性地结晶，在基底上形成阵列化的有机晶体。之后，这些晶体可以作为二次结晶过程的骨架或成核中心，使其他晶体进一步生长在其上方，从而实现层状有机单晶异质结的构筑。这些异质结通过进一步的加工可以被制成有机光电子器件。显然，对于第二层晶体的构筑，溶剂的选择尤其重要，这也是液滴固定结晶法最大的挑战。此外，第一层晶体的粗糙度也非常重要，它直接影响第二层晶体的分布。通过使用合适的正交溶剂，Li(李寒莹)课题组[49]成功实现了在阵列化的 $C_{60}$ 晶体表面修饰 (3-pyrrolinium)($CdCl_3$) 单晶，构筑了 $C_{60}$-(3-pyrrolinium)($CdCl_3$) 异质结(图 6-6)。在阵列化的 $C_{60}$ 纳米带形成后，通过选择乙醇作为 $CdCl_3$ 的良溶剂、$C_{60}$ 的不良溶剂来生长第二层晶体，获得了双层的异质结结构，并用于基于场效应晶体管的记忆器件中。在 $C_{60}$ 上构筑铁电材料后，其场效应晶体管最大展示出 73 V 的记忆窗口。除了 $C_{60}$ 外，多种有机半导体材料，如 TIPS-PEN 和芘等，同样可以使用正交溶剂以液滴固定结晶法构筑双层单晶异质结。液滴固定结晶法为生长双层异质结提供了一种温和可靠的方法，而该方法要求溶解两种组分的溶剂正交，这对于有机体系则是较难实现的。

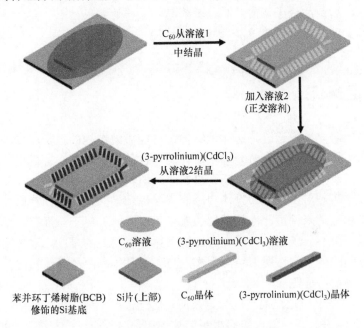

图 6-6　液滴固定结晶法结晶过程示意图

为了避免在液滴固定结晶法中需要使用正交溶剂这个必要条件，随后又发展了称为"连续结晶"的方法来制备有机单晶 p-n 异质结。在该方法中，两种有机共轭分子共同溶解在同一溶剂中。需要强调的是，连续结晶法有别于传统的在混合溶液中共晶生长，该方法最终得到的晶体是两组分有明确相分离结构的双层有机单晶。研究者首先证明了利用液滴固定结晶法 $C_8$-BTBT 和 $C_{60}$ 都能分别长出阵列化的带状单晶[50]。然后他们以 $C_8$-BTBT 和 $C_{60}$ 的混合溶液为研究体系用于液滴固定结晶加工。有趣的是，他们发现可以获得 $C_{60}$ 在底部、$C_8$-BTBT 在顶端的阵列化带状双层异质结结构。原子力显微镜、拉曼光谱、透射电子显微镜和选区电子衍射的表征都清楚地证明了双层结构的存在。基于该方法生长的有机晶体 p-n 异质结被加工成场效应晶体管和太阳电池。该有机晶体 p-n 异质结在有机场效应晶体管中的性能比单组分晶体的低。$C_8$-BTBT 和 $C_{60}$ 异质结在空气中的空穴和电子迁移率最高分别是 0.29 $cm^2/(V \cdot s)$ 和 0.21 $cm^2/(V \cdot s)$。类似地，将另一个 p 型有机半导体 DPP-PR 与 $C_{60}$ 共混，也获得了高度阵列化的单晶 DPP-PR-$C_{60}$ 给-受体异质结[51]。基于 DPP-PR-$C_{60}$ 给-受体异质结的太阳电池的 PCE 最高为 0.46%(AM 1.5, 100 $mW/cm^2$)。

利用连续结晶法生长有机 p-n 异质结的优势在于不需要分别对 p 型和 n 型材料选择正交溶剂。需要注意的是，从一个混合溶液中生长 p-n 有机单晶异质结需要满足三个重要条件：第一，两组分在同一溶剂中要具有良好的化学稳定性，以防止化学反应的发生；第二，两组分具有不同的生长速率，以实现两组分的先后结晶；第三，后结晶分子在前结晶分子的晶体上非均相成核[52]。实验证明，连续结晶法普遍适用于多种有机单晶异质结的生长。

## 6.5 表面修饰

在以往的研究中，通过筛选化学结构，调控微纳结构的生长，发展了新的器件加工工艺，显著提高了有机光电子器件的器件效率。然而，有机材料的表面性质和表面工程研究一直被人们忽视。事实上，材料的整体性能很大程度上受到其表面性质的影响，对于器件的整体功能的实现也是如此。表面修饰已经成为对无机纳米结构和碳纳米管进行性能调控的重要手段之一。对于一维有机微纳结构而言，特别是有机小分子组装体，表面修饰仍然存在很高的难度。这是因为有机分子晶体由较弱的分子间作用力结合而成，与离子晶体和原子晶体相比，容易受到外界应力、溶剂溶解等的破坏。

Pei(裴坚)课题组通过简单的化学反应，在已有的一维有机微纳结构表面连接上第二种材料，并且显著地改善有机组装体的整体性质[53]。该方法具有如下优点：通过更换不同的修饰物可以对一个已知的有机结构进行多样的衍生化和功能化；修饰物的用量非常少；方法简单可靠。他们利用蓝光材料和红光材料(图 6-7)之间的能量转移制备了具有白光发射的微米线和微米带。为了保持在反应过程中晶体结构的完整性，所设计的微米线和微米带晶体的本体分子和表面修饰分子的溶解性是正交的。由于 Blue-Br 微米线是不溶于乙醇的，而 Red-OH 则是可溶的，因此反应可以在 $K_2CO_3$ 作为碱的乙醇溶液中进行。最终，Red-OH 通过共价键连接在纳米线上，所形成的后修饰纳米线发射白光荧光。荧光寿命成像表明，修饰只发生在纳米线的表面。与其他方法相比，该后修饰策略不仅需少量修饰分子，而且能良好地保持微纳结构原本的结构与形貌。

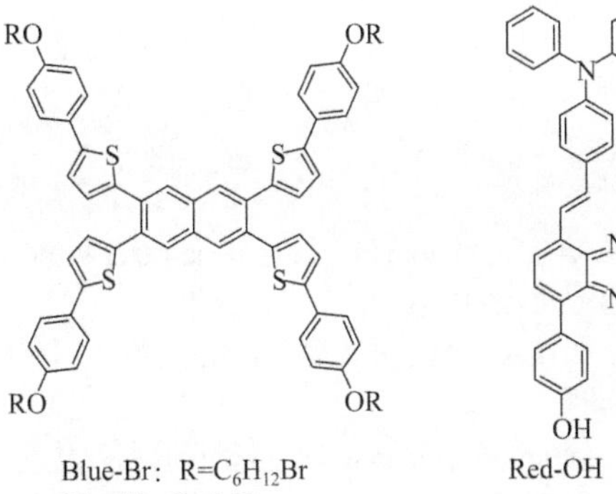

Blue-Br: R=C₆H₁₂Br
Blue-H: R=C₆H₁₃
Red-OH

图 6-7　Blue-Br 和 Red-OH 的分子结构

此外，有机纳米结构的表面修饰也可以使用非共价修饰方法。虽然这种修饰方法在溶液中往往稳定性较差，但在固体状态下是可以稳定存在的。Zang(臧泠)课题组[54]报道了以缺电子片段苝二酰亚胺为主体、以富电子片段咔唑作为表面修饰分子的纳米线的制备(图 6-8)。这个"表面异质结"表现出高光导和快的响应速率。在这一设计中，烷基链不但保证了修饰分子在固体表面上的吸附，而且从空间上分离了两个组分，阻碍了激子的复合。

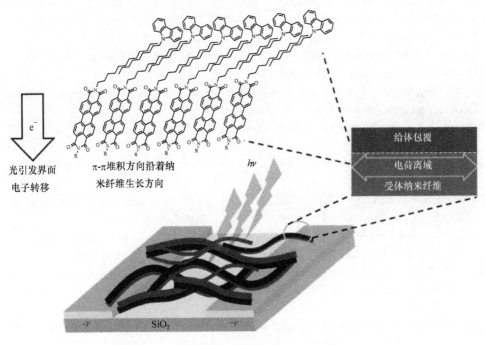

图 6-8　具有光响应特性的纳米纤维异质结示意图

## 参 考 文 献

[1] Tang Q, Jiang L, Tong Y, et al. Micrometer- and nanometer-sized organic single-crystalline transistors. Adv Mater, 2008, 20: 2947-2951.

[2] Briseno A L, Mannsfeld S C B, Jenekhe S A, et al. Introducing organic nanowire transistors. Mater Today, 2008, 11: 38-47.

[3] Zang L, Che Y, Moore J S. One-dimensional self-assembly of planar π-conjugated molecules: Adaptable building blocks for organic nanodevices. Acc Chem Res, 2008, 41: 1596-1608.

[4] Zhou Y, Wang L, Pei J, et al. Highly sensitive, air-stable photodetectors based on single organic sub-micrometer ribbons self-assembled through solution processing. Adv Mater, 2008, 20: 3745-3749.

[5] Mynar J L, Yamamoto T, Kosaka A, et al. Radially diblock nanotube: Site-selective functionalization of a tubularly assembled hexabenzocoronene. J Am Chem Soc, 2008, 130: 1530-1531.

[6] Zhao Y S, Fu H, Peng A, et al. Construction and optoelectronic properties of organic one-dimensional nanostructures. Acc Chem Res, 2010, 43: 409-418.

[7] Ryu D Y, Shin K, Drockenmuller E, et al. A generalized approach to the modification of solid surfaces. Science, 2005, 308: 236-239.

[8] Dodabalapur A, Torsi A, Katz H E, Organic transistors: Two-dimensional transport and improved electrical characteristics. Science, 1995, 268: 270-271.

[9] Reddy A L M, Gowda S R, Shaijumon M M, et al. Hybrid nanostructures for energy storage applications. Adv Mater, 2012, 24: 5045-5064.

[10] Xia Y N, Yang P D, Sun Y G, et al. One-dimensional nanostructures: Synthesis, characterization, and applications. Adv Mater, 2003, 15: 353-389.

[11] Duan X F, Huang Y, Agarwal R, et al. Single-nanowire electrically driven lasers. Nature, 2003, 421: 241-245.

[12] Zhai T Y, Yao J N. One-Dimensional Nanostructures: Principles and Applications. Hoboken: John Wiley & Sons, 2013.

[13] Hong S Y, Lee Y H, Park H, et al. Stretchable active matrix temperature sensor array of polyaniline nanofibers for electronic skin. Adv Mater, 2016, 28: 930-935.

[14] Lin C, Liu C, Chen W. Poly(3-hexylthiophene)-graphene composite-based aligned nanofibers for high-performance field effect transistors. J Mater Chem C, 2015, 3: 4290-4296.

[15] Lu C, Wang J, Chang H, et al. Ambipolar field-effect transistors using conjugated polymers with structures of bilayer, binary blends, and paralleled nanofibers. J Mater Chem C, 2014, 2: 7489-7493.

[16] Garnett E C, Yang P. Silicon nanowire radial p-n junction solar cells. J Am Chem Soc, 2008, 130: 9224-9225.

[17] Zhang Y J, Dong H L, Tang Q Y, et al. Organic single-crystalline p-n junction nanoribbons. J

Am Chem Soc, 2010, 132: 11580-11584.

[18] Park K S, Lee K S, Kang C M, et al. Cross-stacked single-crystal organic nanowire p-n nanojunction arrays by nanotransfer printing. Nano Lett, 2015, 15: 289-293.

[19] Huang Y, Duan X F, Lieber C M. Nanowires for integrated multicolor nanophotonics. Small, 2005, 1: 142-147.

[20] Yan Y L, Zhang C, Yao J N, et al. Recent advances in organic one-dimensional composite materials: Design, construction, and photonic elements for information processing. Adv Mater, 2013, 25, 3627-3638.

[21] Duan X F, Huang Y, Cui Y, et al. Indium phosphide nanowires as building blocks for nanoscale electronic and optoelectronic devices. Nature, 2001, 409: 66-69.

[22] Wu Y Y, Fan R, Yang P D. Block-by-block growth of single-crystalline Si/SiGe superlattice nanowires. Nano Lett, 2002, 2: 83-86.

[23] Gudiksen M S, Lauhon L J, Wang J, et al. Growth of nanowire superlattice structures for nanoscale photonics and electronics. Nature, 2002, 415, 617-620.

[24] Caroff P, Dick K A, Johansson J, et al. Controlled polytypic and twin-plane superlattices in III-V nanowires. Nat Nanotechnol, 2009, 4: 50-55.

[25] Guo Y B, Tang Q X, Liu H B, et al. Light-controlled organic/inorganic p-n junction nanowires. J Am Chem Soc, 2008, 130: 9198-9199.

[26] Wang H B, Zhu F, Yang J L, et al. Weak epitaxy growth affording high-mobility thin films of disk-like organic semiconductors. Adv Mater, 2007, 19: 2168-2171.

[27] Chen W, Huang H, Chen S, et al. Low-temperature scanning tunneling microscopy and near-edge X-ray absorption fine structure investigations of molecular orientation of copper(II) phthalocyanine thin films at organic heterojunction interfaces. J Phys Chem C, 2008, 112: 5036-5042.

[28] Chen W, Huang H, Chen S, et al. Molecular orientation-dependent ionization potential of organic thin films. Chem Mater, 2008, 20: 7017-7021.

[29] Wang J, Wang H B, Yan X J, et al. Heterojunction ambipolar organic transistors fabricated by a two-step vacuum-deposition process. Adv Funct Mater, 2006, 16: 824-830.

[30] Aleshin A, Lee J, Chu S, et al. Mobility studies of field-effect transistor structures basedon anthracene single crystals. Appl Phys Lett, 2004, 84: 5383-5385.

[31] de Boer R W I, Klapwijk T M, Morpurgo A F. Field-effect transistors on tetracene single crystals. Appl Phys Lett, 2003, 83: 4345-4347.

[32] Takeya J, Goldmann C, Haas S, et al. Field-induced charge transport at the surface of pentacene single crystals: A method to study charge dynamics of two-dimensional electron systems in organic crystals. J Appl Phys, 2003, 94: 5800-5804.

[33] Takahashi T, Takenobu T, Takeya J, et al. Ambipolar organic field-effect transistors based on rubrene single crystals. Appl Phys Lett, 2006, 88: 033505.

[34] Hulea I N, Fratini S, Xie H, et al. Tunable Fröhlich polarons in organic single-crystal transistors. Nat Mater, 2006, 5: 982-986.

[35] de Boer R W I, Stassen A F, Craciun M F, et al. Ambipolar Cu- and Fe-phthalocyanine

single-crystal field-effect transistors. Appl Phys Lett, 2005, 86: 262109-262109.

[36] Takeya J, Yamagishi M, Tominarl Y, et al. Gate dielectric materials for high-mobility organic transistors of molecular semiconductor crystals. Solid-State Electron, 2007, 51: 1338-1343.

[37] Alves H, Molinari A S, Xie H X, et al. Metallic conduction at organic charge-transfer interfaces. Nat Mater, 2008, 7: 574-580.

[38] Ferraris J, Walatka V, Perlstei J H, et al. Electron transfer in a new highly conducting donor-acceptor complex. J Am Chem Soc, 1973, 95: 948-949.

[39] Nakano M, Alves H, Molinari A S, et al. Small gap semiconducting organic charge-transfer interfaces. Appl Phys Lett, 2010, 96: 232102.

[40] Lezama I G, Nakano M, Minder N A, et al. Single-crystal organic charge-transfer interfaces probed using Schottky-gated heterostructures. Nat Mater, 2012, 11, 788-794.

[41] Krupskaya Y, Lezama I G, Morpurgo A F. Tuning the charge transfer in $F_x$-TCNQ/rubrene single-crystal interfaces. Adv Funct Mater, 2016, 26: 2334-2340.

[42] Alves H, Pinto R M, Macoas E S. Photoconductive response in organic charge transfer interfaces with high quantum efficiency. Nat Commun, 2013, 4: 1842.

[43] Pinto R M, Gouveia W, Macoas E M S, et al. Impact of molecular organization on exciton diffusion in photosensitive single-crystal halogenated perylenediimides charge transfer interfaces. ACS Appl Mater Interfaces, 2015, 7: 27720-27729.

[44] Pinto R M, Macoas E M S, Neves A I S, et al. Effect of molecular stacking on exciton diffusion in crystalline organic semiconductors. J Am Chem Soc, 2015, 137: 7104-7110.

[45] Cui Q H, Jiang L, Zhang C, et al. Coaxial organic p-n heterojunction nanowire arrays: One-step synthesis and photoelectric properties. Adv Mater, 2012, 24: 2332-2336.

[46] Sassella A, Raimondo L, Campione M, et al. Patterned growth of crystalline organic heterostructures. Adv Mater, 2013, 25: 2804-2808.

[47] Zheng J Y, Yan Y, Wang X, et al. Wire-on-wire growth of fluorescent organic heterojunctions. J Am Chem Soc, 2012, 134: 2880-2883.

[48] Li H Y, Tee B C K, Cha J J, et al. High-mobility field-effect transistors from large-area solution-grown aligned $C_{60}$ single crystals. J Am Chem Soc, 2012, 134: 2760-2765.

[49] Wu J K, Fan C C, Xue G B, et al. Interfacing solution-grown $C_{60}$ and (3-pyrrolinium) ($CdCl_3$) single crystals for high-mobility transistor-based memory devices. Adv Mater, 2015, 27: 4476-4480.

[50] Fan C C, Zoombelt A P, Jiang H, et al. Solution-grown organic single-crystalline p-n junctions with ambipolar charge transport. Adv Mater, 2013, 25: 5762-5766.

[51] Li H Y, Fan C C, Fu W F, et al. Solution-grown organic single-crystalline donor-acceptor heterojunctions for photovoltaics. Angew Chem Int Ed, 2015, 54: 956-960.

[52] Wu J, Li Q, Xue G, et al. Preparation of single-crystalline heterojunctions for organic electronics. Adv Mater, 2017, 14: 1606101.

[53] Wang X, Yan J, Zhou Y, et al. Surface modification of self-assembled one-dimensional organic structures: White-light emission and beyond. J Am Chem Soc, 2010, 132: 15872-15874.

[54] Che Y, Huang H, Xu M, et al. Interfacial engineering of organic nanofibril heterojunctions into highly photoconductive materials. J Am Chem Soc, 2011, 133: 1087-1091.

# 第 7 章

# 有机微纳结构阵列化方法

## 7.1 概述

自人类社会进入 21 世纪以来,互联网技术和材料的发展极大地促进了人类社会的进步。随着现代科学技术的发展,如何实现高密度、规模化的微纳米尺度上的图案化、阵列化以及相应的微加工手段已经成为当今科学和技术领域的研究热点[1-3]。表面阵列化以及微纳结构的构筑可以赋予材料更新颖、更优异的性能。目前,通过表面微纳加工等技术制备的无机界面材料已经逐渐深入到人们生产和生活的各个领域,包括各种微电子设备、智能设备、生物检测材料等。相比无机材料,有机材料具有更好的柔性和加工性能,适用于大面积、低成本的低温溶液加工技术,如涂布(coating)或者打印的方法,这使得其在加工大面积阵列化器件时拥有更大的优势。而且,有机材料可以通过分子层面上的结构调控方便地调节器件的性能,也为功能器件进一步发展提供了更大的可能性[4-7]。然而不同于无机材料,有机材料往往通过非共价相互作用,如氢键、π-π相互作用、偶极-偶极相互作用或范德瓦耳斯作用相连接。因此,在有机溶剂的作用下,或者高机械强度的作用下,有机材料往往会更为脆弱,这使得传统的适用于无机材料的加工技术不能简单地应用于有机材料中。例如,光刻技术具有可靠性强、分辨率高、精度高以及可大面积阵列化地在圆晶上进行加工等特点,已经在无机材料微纳结构的制备中发挥了不可替代的作用,但它却不能适用于大多数有机材料[8]。正因为如此,有机材料的阵列化以及图案化构筑技术,已成为有机光电材料和器件领域的关键研究问题之一。

近些年来,在大量的科研实践中,随着不断地探索和尝试,逐渐建立了丰富的表面阵列化技术。不同于无机材料自上而下(top-down)的构筑策略,有机材料往往采用自下而上(bottom-up)的方法,通过分子或分子聚集体之间的相互作用,构筑基元按照一定的组装规律进行结合,使材料逐渐增大到纳米或微米尺度，主要包括溶液自组装或在外力促使下的自组装，以及气相自组装等方法[9-11]。

有机分子之间存在着较强的非共价键相互作用，如π-π相互作用、氢键相互作用、偶极-偶极相互作用等，往往可以诱导分子在组装的过程中定向生长[12]。因此"自下而上"的自组装方法被广泛应用于有机微纳结构的制备中。然而自组装过程中出现的宏观无序分布最终会导致器件性能降低，因此往往需要通过一些外部的作用力来诱导晶体生长，如通过蒸发、模板、浸润性或电场/磁场来诱导单晶生长，从而构筑取向规整的阵列化微纳结构[10,13,14]。下面介绍几种基于有机分子自组装构筑阵列化微纳结构的方法。

## 7.2 滴涂法

滴涂法(drop casting)是将液滴滴在基底上，随着溶剂的蒸发，溶质会逐渐析出。这种方法由于不需要额外的设备，工艺简单，大大节约了加工成本，被广泛应用于有机薄膜的制备和研究中。

### 7.2.1 蒸发诱导的自组装阵列化结构的生长

溶液加工作为有机材料最主要的加工方法被广泛应用于器件的制备中。基于溶剂的蒸发，科研人员发展出了一系列阵列化微纳加工的方法。在水平基底上，当溶剂蒸发时会形成同心圆结构的高度有序的纳米线阵列，而当基底垂直于水平面时则会形成平行的纳米线阵列。这些结构的产生由咖啡环效应所致[15,16]，这一过程如图 7-1 所示。在溶剂蒸发的过程中，三相界面由于溶液曲率半径较小，所产生的附加压力要远大于中心，因此接触线处的饱和蒸气压升高，溶剂更容易蒸发，率先析出结晶。同时，随着接触线处的溶液浓度增加，减少的表面张力导致液体内部形成马兰戈尼流，进而形成环流将溶质源源不断地送往接触线，并随着溶剂蒸发，额外的分子逐渐通过分子间相互作用沿着去溶剂化的方向形成垂直于接触线的一维纳米线。由于溶剂前沿受到张力作用被固定在相对粗糙的初始位置，随着溶剂进一步蒸发，界面处接触角变小，半月形液体体积增加，脱钉作用逐渐增强，直到超过接触线固定的作用力，接触线会跳到一个新的位置并开始新一轮的生长。

然而蒸发诱导的自组装生长由于蒸发过程发生在整个基底上，在大多数情况下难以实现精准的阵列化和图案化，于是，基于蒸发过程，人们通过引入一些额外的作用力去诱导有机单晶更为规整地排列。

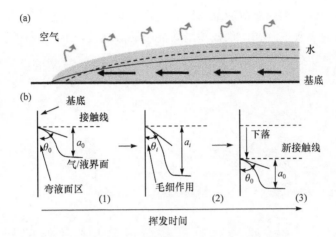

图 7-1 （a）咖啡环效应[15]；（b）接触线移动示意图[16]

$\theta_0$、$\theta_i$：溶剂和基底的接触角；$a_0$、$a_i$：弯液面高度

### 7.2.2 模板诱导的自组装阵列化结构的生长

在有机材料的生长过程中，使用模板法可以借助模板和溶液间的毛细作用力促进晶体有序地排列，并且根据模板的设计可以实现大面积阵列化、图案化的加工。

模板诱导的自组装行为可以分为两种：第一种是将模板作为模具，复刻出相同排列和形状的阵列化图案[17,18]；另一种是利用模板来诱导溶液在某一特定方向的蒸发，从而诱导溶质的自组装过程[19]。

在第一种策略中，往往会采用容易制造和设计的聚二甲基硅氧烷（PDMS）作为模板材料，通过纳米压印技术在 PDMS 上打印出不同宽度、间隔的阵列化图案。该方法被广泛应用于各种材料的图案化阵列的加工。例如，PEDOT：PSS、二氧化硅纳米粒子、有机染料分子等的图案化阵列都可以通过该方法进行构筑。该方法将带有沟槽的模板倒扣在基底上，在模板的边缘加入样品溶液，在毛细作用力的影响下溶液会流向模板进入沟槽内部。随着溶剂的蒸发，有机材料会在分离的沟槽内形成纳米线阵列。当模具剥落后，便可在基底上呈现出阵列化的条纹或图案。

该方法也能应用于不平整的基底，如可以诱导苝二酰亚胺的衍生物在金表面形成阵列化的纳米线（图 7-2）。首先将带有阵列化沟槽和凸起的模板垂直于基底的金电极倒扣在基底上，由于金电极的存在，模板并不能和基底完全贴合。当有溶液滴到模板的一侧时，由于模板和基底间存在空隙，溶液受到毛细作用力被吸入模板中。然后随着溶剂的蒸发，在模板凸起和基底的孔隙之间会逐渐形成晶核并通过自组装最终得到阵列化的单晶线。最后通过蒸镀一层 p 型的半导体并五苯，可以构筑双极性的阵列化场效应晶体管。值得注意的是，对于这类非平整表面，用该方法构筑的单晶线存在于模板和基底接触的凸起处，而不是在模板的凹槽内。

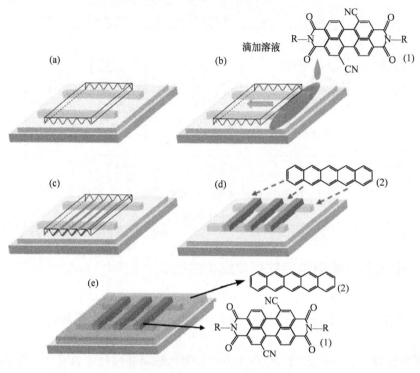

图 7-2 模板诱导生长阵列化图案

相同的方法被广泛应用于各种半导体材料的阵列化中，如 Salleo 课题组将 $C_8$-BTBT 溶于 1,2,4,5-四氯苯中，直接滴在基底上，然后将 PDMS 模板置于基底上，使其与 $C_8$-BTBT 的液滴紧密接触。随后，将该体系在 50 ℃下退火 4 h。在退火的过程中，$C_8$-BTBT 的溶液会由于毛细作用力流向凹槽内部，随着溶剂的蒸发，分子会沉淀出来形成纳米结构，剥离模板后即可得到阵列化的 $C_8$-BTBT 纳米线[20]。对晶体的结构解析表明，$C_8$-BTBT 晶体沿着(100)的方向进行排列。将该阵列化的纳米线制备成顶接触 OFET，其表现出了 0.9 $cm^2/(V \cdot s)$ 的迁移率。该方法也适用于熔融状态的有机小分子。Kim 课题组使用类似的方法，先在基底上撒上 $C_{10}$-BTBT 的粉末，再放上模板后在 122 ℃下退火，熔融的 $C_{10}$-BTBT 会扩散进凹槽内形成阵列化的纳米线[21]。通过改变模板的宽度、间距及尺寸可以调节纳米线相应的性质。

模板诱导的自组装阵列化的生长方法已经可以应用于不少有机半导体中，但是为了防止 PDMS 溶胀，往往需要使用极性溶剂，这限制了该方法的进一步应用。

另一种策略是利用模板来诱导溶液在某一特定的方向蒸发，从而诱导溶质的自组装过程。在这种策略中,模板不只是作为模具,而且起到了控制溶液流动方向以及在溶剂蒸发过程中诱导形成取向规整的接触线的作用。该方法使得晶体可以沿着特定的方向在所期望的位置进行生长。

Bao(鲍哲南)课题组在传统滴涂法的基础上,在溶液中心放置了一块硅片,以硅片作为模板来控制溶液的流动方向[19]。随着溶剂的蒸发,液滴会随着溶液的后退方向朝着模板的中心缩小,溶液的流动方向诱导了单晶线的生长[图 7-3(a),扫描封底二维码可见本图彩图]。随着溶剂完全蒸发,在中心硅片周围会形成纳米线的阵列化图案,纳米线的方向均指向硅片中心。通过该方法可以得到圆形、矩形、正方形等各种阵列化图案。除了硅片,也可以使用其他具有一定浸润性的材料诱导晶体生长。Pyo 课题组通过在硅片上放置一根毛细管[图 7-3(b)],诱导苊二酰亚胺的衍生物垂直于毛细管的方向进行生长[22]。蒸镀金电极后除去毛细管便得到了阵列化的有机纳米线垂直于电极排列的 OFET。该方法也适用于多种有机半导体材料,如三异丙基硅基乙炔基并五苯(TIPS-PEN)[23]或者 $C_8$-BTBT 和 $C_{60}$ 的混合晶体[图 7-3(c)]的生长[24]。

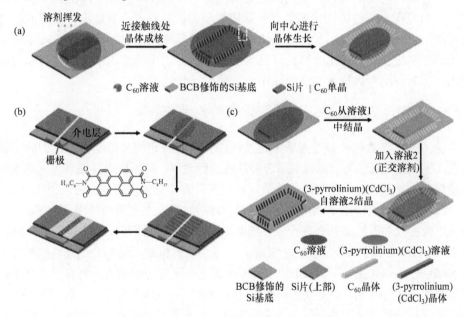

图 7-3 平面模板诱导阵列化单晶线生长[19, 22, 24]

除了平面模板,也可以使用一些立体的模板来将溶液蒸发限制在特定的空间内。张晓宏课题组使用球面的透镜作为模板限制二甲基喹吖啶酮(DMQA)的蒸发。使用这种方法,随着溶剂的蒸发,溶液会缓慢收缩,形成同心圆形状的单晶线结构。改变模板形状还可以制备矩形或是三角形的阵列化图案[图 7-4(a)][25,26]。

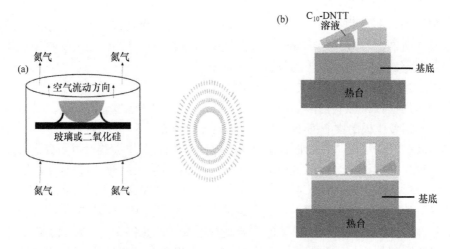

图 7-4　非平面模板诱导阵列化单晶线生长[25-27]

进一步将模板扩大化，使用阵列化的模板，可以实现大尺寸阵列化的器件。如图 7-4(b) 所示，将阵列化的具有倾斜接触面的模具放置于基底上，当溶液通过毛细作用力进入空隙后，加热除去溶剂。随着溶剂逐渐蒸发，晶体会定向生长于基底的金电极上，制备出分离的阵列化器件[27]。但由于该方法的空间分辨率相对较低，若要应用于大规模集成电路中还需要进一步的改进。

### 7.2.3　浸润性诱导的自组装阵列化结构的生长

浸润性诱导的自组装过程通常通过调控基底的浸润性来控制微纳结构的生长位置，往往利用烷基链或氟代烷基链对基底进行改性，从而使得基底对常见溶剂的浸润性变差，或通过苯基等取代使基底对有机芳香体系体现出更好的亲和性。

张晓宏课题组使用十八烷基三氯硅烷(OTS)处理硅基底形成不浸润的薄膜，接着通过掩模板对改性的基底进行紫外照射除去 OTS。经过照射，暴露的区域浸润性增强。通过该方法处理的基底进行溶液法生长时，有机纳米结构会选择性地在可浸润区域进行阵列化生长(图 7-5)[28]。Hobara 课题组通过类似的方法制备了具有不同浸润性的图案化基底。该基底上图案化的浸润区域分成两个部分，分别为面积较小的成核区和面积较大的生长区。当溶液均匀分布于基底上的浸润区域时，面积较小的部分浓度较大，率先析出晶体，该晶体作为晶核诱导生长区阵列化单晶的生长[29]。

浸润性诱导的加工方法往往还会和其他的图案化技术相结合。Giri 课题组使用刮涂法对改性的基底进行加工，发现随着溶剂的蒸发，高度取向的 TIPS-PEN 优先在浸润的区域进行生长[30]。Minari 课题组用同样的方法进行器件加工，得到高度阵列化的器件阵列，所得到的器件在基底浸润的部分，器件之间彼此分离，有效降低了漏电和串扰的可能性[31]。

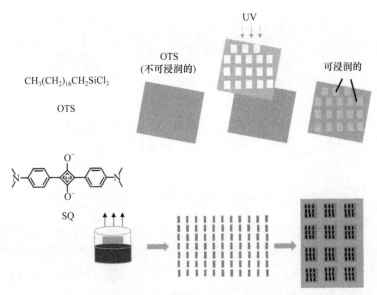

图 7-5 浸润性诱导的自组装阵列化结构的生长[28]

## 7.2.4 电场/磁场诱导的自组装阵列化结构的生长

当分子存在一个各向异性的偶极或磁矩时，可以通过电场或者磁场来控制分子的排列方向。例如，在并五苯的生长过程中，可以通过电场对分子排列进行诱导。如图 7-6(a)所示，当在两个电极之间施加交变电场时，并五苯的微晶会与其产生相互作用并产生介电泳(dielectrophoresis，DEP)现象。该作用力可以驱使并五苯微晶在两个电极之间进行生长，控制电场强度和交变电场的频率可以使并五苯的微晶连接两个电极[图 7-6(b)][32]。

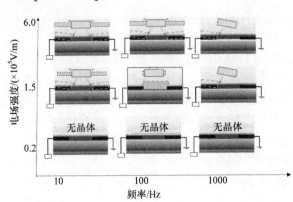

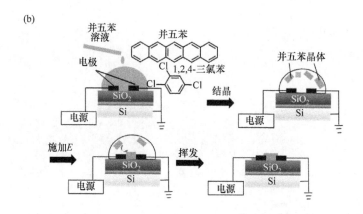

图 7-6 交变电场调控下的自组装生长[32]

同样，电场也被用于引导具有负介电各向异性的氟化苯基噻吩衍生物的自组装。当电极与有机层共平面时，电场方向平行于有机层，可以得到平行于基底的单晶线集合体[图 7-7(a)]；而当垂直加工器件时，电场方向垂直于有机层，可以得到垂直于基底的单晶线集合体[图 7-7(b)][33]。

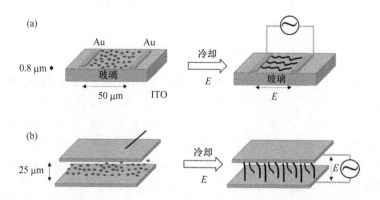

图 7-7 电场诱导具有负介电各向异性的氟化苯基噻吩衍生物的自组装[33]

除了交变电场，直流电场也能调控自组装的过程。Sardone 课题组设计合成了具有三个酰胺取代基的有机小分子(图 7-8)。由于酰胺之间强烈的氢键相互作用，该分子会自发形成柱状堆积，该柱状聚集体由于存在较大的偶极，在电场下很容易沿着电场线方向在电极上形成阵列化排列的纳米线[34]。Duzhko 课题组使用酞菁铜的衍生物也成功在电极之间生长出定向排列的阵列，通过滴涂法在三种不同电场下构筑的纳米线的生长方向与电场线方向保持一致[35]。Molina-Lopez 课题组通过在剪切涂布过程中施加交变电场来调控晶体的生长，可以将分子的堆积状态调控为鱼骨状或二维砖墙堆积状，从而能够优化分子的电学性质[36]。

除了电场，磁场调控的晶体生长也有报道。蔻分子由于高度有序的分子排列，表现出各向异性的抗磁化率。当施加一外界磁场时，蔻分子为了降低能量会垂直于磁场方向进行排列，得到垂直于磁场方向高度取向的纳米纤维[37]。Christianen课题组发现2,3-双癸氧基蒽(DDOA)纤维在磁场下也会形成垂直于磁场方向定向排列的纤维状结构，并表现出线性双折射现象和荧光二色性。作者将这一取向结构归因于DDOA分子的磁矩与外界磁场间的相互作用，该驱动力促使小分子沿着最小磁化角的方向排列形成阵列化结构[38]。对磁场感应的分子的设计和合成较为困难，目前的报道也相对较少。

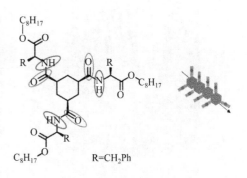

图 7-8 直流电场调控下的自组装生长[34]

## 7.3 涂布法

涂布法是可以应用于卷对卷加工的方法，在工业上被广泛应用于加工有机薄膜器件。典型的涂布方法包括浸涂(dip-coating)、旋涂(spin-coating)和刮涂(blade-coating)。基于涂布的方法，可以实现微纳结构的大面积阵列化生长。

### 7.3.1 浸涂法

浸涂法是将基底浸泡于有机材料的溶液中，当基底从溶液中被拉起时，随着溶剂的蒸发，分子会通过自组装过程在基底上形成有机微纳结构。受到重力以及牵引方向基底的摩擦力的共同影响，形成的微纳结构会呈现出方向单一的阵列化结构。而形成的微纳结构的形状、厚度等参数可以通过牵拉速度、环境气氛以及溶液的浓度、组成、温度等的调节进行调整。

Jang课题组通过浸涂法制备并五苯类的单晶线时，通过调节溶剂类型、浸涂温度和基底的牵拉速度，对浸涂法的各种影响因素进行了深入的研究，进一步明确了空气-溶液-基底三相接触线的结晶动力学[图 7-9(a)][39]。Chi(迟力峰)课题组通过改变浸涂法的牵拉速度实现了有机半导体材料的阵列化生长。他们发现随着牵拉速度的增加，基底上的有机材料会从多层条状结构变为单层条状结构。他们进一步制备了基于可控分子层数微米带的场效应晶体管，研究了它们的电荷传输性质[图 7-9(b)][40]。

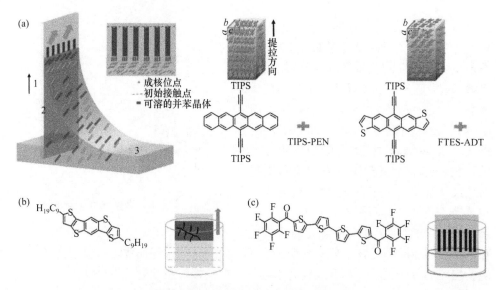

图 7-9　浸涂法制备阵列化微纳结构[39-41]

浸涂法对有机材料的溶解性有较高的要求，然而不少具有优异电学性能的有机半导体材料具有有限的溶解度。这些材料的器件往往只能通过真空气相沉积的方法实现。Müllen 课题组提出一种两相浸涂法，将溶解度较低的 p 型和 n 型有机半导体材料组装到高度有序的微米带中[41]。该方法先在具有表面活性剂的水溶液表面滴加几滴饱和的有机半导体溶液，如将封端的寡聚噻吩的氯仿饱和溶液滴在水面上，虽然氯仿的密度大于水，但是由于表面张力，氯仿溶液仍然会浮于水面上，形成两相溶液[图 7-9(c)]。在陈化一段时间后，在两相溶液中进行浸涂，可以出现平行排列的条带。而如果直接使用氯仿饱和溶液进行浸涂，由于溶解性的限制，只能观察到少量具有随机取向的晶体。作者还发现该方法中表面活性剂改变了有机分子之间的内聚能，决定了晶体的生长面和结晶性，在阵列化生长中发挥了关键作用。

### 7.3.2　旋涂法

旋涂法通过在基底中心加入少量溶液，然后高速旋转基底将溶液扩散在整个基底上，随着溶剂的蒸发，在基底上可以形成均匀的薄膜。旋涂法通常用于在平整的基底上沉积均匀的薄膜。该方法往往会结合对基底表面浸润性的调整实现微纳结构的阵列化和图案化。

Tsukagoshi 课题组使用旋涂的加工方法在浸润修饰的基底上制备了有机晶体阵列[42,43]。他们首先将疏水性的全氟(1-丁烯基乙烯基醚)聚合物(PBVE)或三氟-1,1,2,2-四氢辛基三氯硅烷(FTS)旋涂于硅基底上(图 7-10)，然后在掩模板的覆盖下使用等离子体轰击的方法将基底表面处理成疏水区域和亲水区域。随后将 $C_8$-BTBT 和甲基丙烯酸甲酯（PMMA）的混合溶液旋涂在改性的基底上。溶剂挥干后可以发现微晶均沉积在亲水区域。

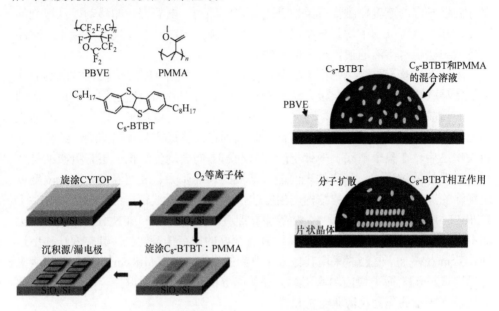

图 7-10 旋涂法制备阵列化有机微纳结构[42, 43]

然而通过旋涂得到的晶膜由于晶体在沉积过程中受到离心力的作用，晶体排列并不规整。Bao（鲍哲南）课题组提出了一种偏心旋涂（off-centre spin-coating）的方法（图 7-11）。旋涂时将基底放置于偏离匀胶机中心的位置，在旋涂过程中由于基底上溶液受到的离心力的方向基本相同，生长的晶膜取向更为规整。作者使用这种方法制备了 $C_8$-BTBT 的场效应晶体管，平均迁移率达到 25 cm$^2$/(V·s)，为当时的最高值。若将该方法与其他图案化方法相结合，应该可以构筑更高效的阵列化器件[44]。

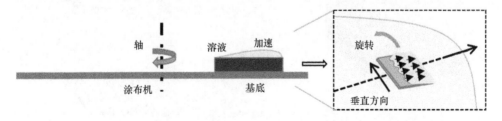

图 7-11 偏心旋涂法制备取向的晶膜[44]

### 7.3.3 刮涂法

刮涂法通常用于制备大面积有机半导体薄膜。该方法使用刀片将溶液沿着一个方向以一定的速度在刚性或柔性基底上定向移动。随着刀片的移动以及溶剂的蒸发，基底上可以留下均匀分布的微纳晶体薄膜。与浸涂法和旋涂法相比，刮涂法是涂布法中对溶液的浪费最少的方法。

Bao(鲍哲南)课题组使用该方法构筑了一系列高度有序的带状有机微纳晶体，包括各种联噻吩的衍生物。该方法首先将溶液夹在刀片和基底之间，刀片的运动使得液体前端暴露于空气中，随着前端溶剂的蒸发，晶核析出。之后由于液体连续地流向生长位点，从晶核处通过自组装过程自发形成排列规整的纳米结构。刮涂操作之后，在整个基底上平行于叶片移动的方向会均匀沉积一层有机微纳晶体[45]。在刮涂的过程中，基底的表面能、溶液的表面张力、表面温度、溶液浓度以及刮涂的速度都会对刮涂的结构产生影响。掠入射 X 射线衍射的研究表明，对于 TIPS-PEN 分子，在刮涂过程中，随着涂布速度的增加，TIPS-PEN 分子间的距离会缩短，导致更近的π-π堆叠距离，从而具有更好的电荷传输性能，其空穴迁移率达到 4.6 cm$^2$/(V·s)，是当时采用其他方法得到的最高迁移率(1.8 cm$^2$/(V·s))的两倍多[图 7-12(a)]，而更快的刮涂速度会导致晶界的增加，因此调控合适的刮涂参数对生长高质量的阵列化薄膜至关重要。

为了进一步提高所得阵列的晶体质量，研究者提出了两种改良的策略：一种是将硅微米柱引入刮刀的前端，如图 7-12(b) 和图 7-12(c) 所示，在刮涂过程中通过硅微米柱或者线圈对溶液流动方向的引导来诱导晶体的定向生长[46,47]；另一种

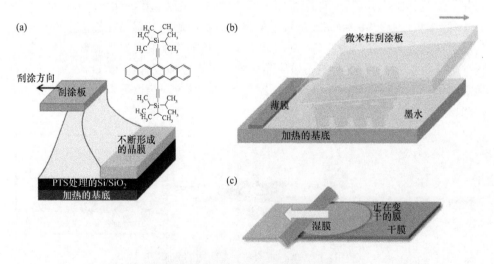

图 7-12　刮涂法制备阵列化有机微纳结构[45-47]

则是将基底垂直于刮涂的方向，交替进行浸润和非浸润的处理，进一步控制晶体横向的生长，随着浸润区域的宽度减小，生长的单晶线更为规整[30]。通过这两种方法，均能得到迁移率增加的高质量阵列化晶体。

## 7.4 印刷

印刷(printing)方法由于高通量和对各种基底适用性广的优势，已经被广泛用于有机电子学器件的图案化和阵列化。常见的印刷方法包括喷墨印刷(inkjet printing)、浸蘸笔纳米加工刻蚀法(dip pen nanolithography, DPN)、转移印刷(transfer printing)、模板诱导印刷(template-induced printing)、过滤转移法(filtration-and-transfer)等。

### 7.4.1 喷墨印刷

喷墨印刷是一种高效的图案化方法，该方法首先将有机材料的溶液作为油墨储存在仓中，然后通过喷射的方法在预定位置沉积一定量的溶液。根据喷射的模式，该印刷方法又可以分为连续印刷和按需印刷，后者目前较为常用。喷墨印刷由于可以实现大面积的微米级加工，且浪费少、成本低、实用性广，已经被广泛应用于有机电子学器件的制备。

结合之前提到的一些方法，喷墨印刷可以用于制备阵列化器件。Minemawari、Hasegawa 课题组使用喷墨印刷的方法制备了大面积的 $C_8$-BTBT 单晶阵列[7]。他们选择沸点相似的 1,2-二氯苯(DCB)和 $N,N$-二甲基甲酰胺(DMF)分别作为 $C_8$-BTBT 的良溶剂和不良溶剂。通过对基底的表面改性和臭氧处理预先得到浸润性不同的图案化基底。制备过程如图 7-13(a)所示，首先在浸润区域印刷不良溶剂 DMF，然后将 $C_8$-BTBT 的 DCB 溶液沉积在图案化的 DMF 的顶部。溶剂蒸发干燥后可以得到厚度为 30～200 nm 的 $C_8$-BTBT 单晶膜。作者发现该单晶膜的成核和生长对沉淀区域的形状、液体的体积以及组成非常敏感。他们设计了一个具有凸起的沉淀区域，在这种设计中，在凸起处会优先成核，之后生长前沿再逐渐移动到其他区域，形成均匀的高质量单晶膜。该方法通过分离结晶区域和生长区域，生长出的 $C_8$-BTBT 单晶膜的平均迁移率达到 16.4 cm$^2$/(V·s)。

TIPS-PEN 也可以使用喷墨印刷技术制备成高性能器件。Kim 课题组首先将金电极蒸镀到基底上，通过 OTS 和紫外处理得到浸润性的沟道，随后将溶于体积比为 3∶1 的氯苯和十二烷混合溶剂的 TIPS-PEN 喷墨印刷于基底上。由于基底上浸润性的不同，墨水会流向浸润性的沟道内。随着溶剂的蒸发最终在金电极之间形成 TIPS-PEN 的单晶阵列，从而构建相应的阵列化有机场效应晶体管[图 7-13(b)][48]。

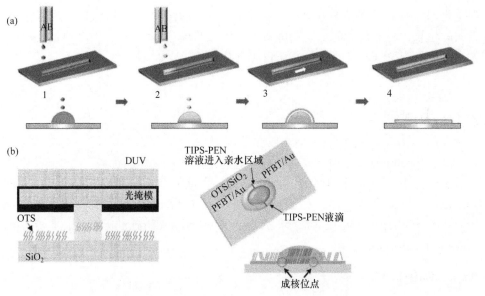

图 7-13 喷墨印刷法制备阵列化有机微纳结构[7, 48]
A：DMF；B：$C_8$-BTBT 的 DCB 溶液；DUV：深紫外

### 7.4.2 浸蘸笔纳米加工刻蚀法

浸蘸笔纳米加工刻蚀法是由美国西北大学的 Mirkin 课题组和 Nanoink 公司开发的基于原子力显微镜（AFM）的纳米刻蚀技术[49]，通过对被转移材料的精确控制，可以在基底表面构筑出任意的纳米结构。该方法将吸附在原子力显微镜针尖上的十八烷硫醇分子通过凝结在针尖和基底间液滴的毛细作用力和表面张力转移到基底上以实现纳米阵列的可控制备（图 7-14）。该方法也适用于其他与基底有较强作用力的分子[50,51]。和纳米压印相比，该方法更为灵活，可以根据实验需求随时改变图案大小和形状，多个探针又可以保证同时加工多种材料。但是相对来说，该方法加工的器件规模较小，耗时也较长。

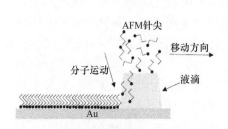

图 7-14 浸蘸笔纳米加工刻蚀法制备阵列化微纳结构[49]

### 7.4.3 转移印刷

转移印刷通常在一个预基底上通过表面的化学或物理相互作用，如毛细作用和范德瓦耳斯作用等制备高度对齐的纳米线阵列，再通过转移印刷的过程将纳米线转移到最终的基底上。其中接触印刷作为一种特殊的转移印刷方法，它首先在预基底上制备取向随机的纳米线，之后在转移过程中通过施加一定的剪切力以获得高度对齐的阵列。在此过程中，通过定向的剪切力实现取向随机的纳米线从预基底的脱离和排列。接触印刷是制备定向排列纳米线阵列的通用方法，适用于柔性基底上纳米线的转移和对齐。

Takahashi 课题组通过两步转印的方法，实现了在传统、弯曲以及非平面基底上的基于有机纳米线阵列的电阻、二极管、场效应晶体管等各种器件的制备。转移印刷的过程如图 7-15 所示。首先通过物理气相沉积在预基底上沉积一次取向随机的纳米线，然后在将该纳米线转移到 SiO$_2$/Si 或是玻璃基底上时同时施加一定的剪切力，由于剪切力的存在，转移的纳米线可以形成密度可控的高度对齐的阵列。这样的纳米线可以进一步转移到 PDMS 或是胶带等这类带有黏性的基底上，进而构筑出一系列器件[52-54]。

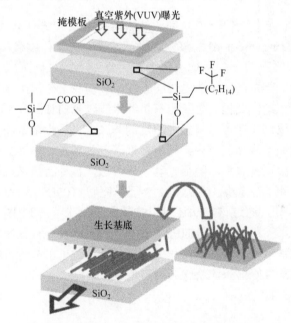

图 7-15 转移印刷法制备阵列化有机微纳结构

近期也发展了一种通过拉伸基底制备阵列化纳米线的方法。该方法通过溶液法或是气相沉积的方法制备纳米线，将他们随机分散在可拉伸的 PDMS 基底上，随后以一个可控的速度对基底进行拉伸，随着拉伸的进行，无序的纳米线会逐渐转变成有序的高度对齐的纳米线阵列。之后在进行接触印刷的过程中将有序的纳米线从 PDMS 上转移到其他基底上，形成定向排列的纳米线阵列（图 7-16）[55]。该方法不仅适用于有机纳米线，也同样适用于无机纳米线和碳纳米管等材料，因此还可以用于制备有机-无机杂化场效应晶体管。

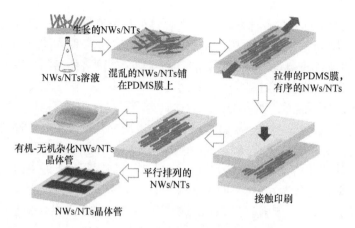

图 7-16 拉伸基底制备阵列化纳米线[55]

Sung 课题组提出一种液桥介导的纳米转印成型方法(liquid-bridge-mediated nanotransfer molding method),该方法最早用于金属氧化物微纳阵列的制备[56]。先在预基底的凹槽内制备纳米线,再通过液桥转印到目标基底上,制作方法如图 7-17(a)所示。首先在聚氨酯丙烯酸酯(PUA)基底上刻出纳米沟道,通过模板诱导的自组装法在纳米凹槽内生长出有机纳米线阵列(TIPS-PEN),随后将该含有纳米线阵列的模板倒扣在覆盖有极性溶剂的基底上,极性溶剂作为润滑剂会受到毛细作用渗透到纳米线和凹槽内,随着极性溶剂的蒸发,增加的毛细作用力使纳米线从凹槽内被拉至基底上。随后,基于该方法,各种有机微纳阵列被成功制备得到,包括酞菁铜、富勒烯($C_{60}$)、聚(3-己基噻吩)(P3HT)和吲哚并咔唑衍生物的纳米线阵列等[57]。通过该方法还可以构筑多层纳米线阵列[图 7-17(b)]。Sung 课题组通过使用不能溶解 $C_{60}$ 和 TIPS-PEN 的溶剂作为液桥,依次将两者转移到聚醚砜基底上。在纳米线阵列两端沉积银电极后,构建了单晶有机纳米线的异质结阵列器件,表现出良好的整流特性和光电特性[58]。

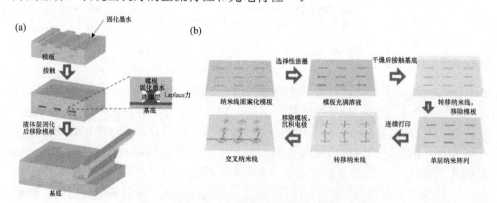

图 7-17 液桥法制备阵列化有机微纳结构[56, 58]

### 7.4.4 模板诱导印刷

模板诱导印刷方法通常采用模板来帮助基底上形成阵列化的图案。该方法往往采用具有周期性形状的 PDMS 作为模板，根据技术类型可以分成两类：一类使用模板本身的形状去诱导形成单晶线阵列，该方法在之前的"模板诱导的自组装阵列化结构的生长"中已经进行了阐述；另一种类型是在基底上先生长出晶膜，然后通过 PDMS 的模板压印成所需的阵列化图案。

Bae 课题组报道了使用该方法制备的晶体管阵列[59]。他们首先将 TIPS-PEN 溶于 50∶50（质量比）的十二烷/甲苯的混合溶剂，然后将该溶液滴涂在基底上形成均匀的薄膜。随后将刻有周期性平行凹槽的 PDMS 以 3 kPa 的压力压在具有晶膜的基底上。通过 100 ℃下进行 1 h 的热处理，随着溶剂的蒸发，与模具相接触的部分会选择性地黏附到模具上。当除去模板后，基底上会留下与模板凹槽相对应的图案。通过该方法除了可以得到平行的阵列，也可以制备正方形或者六边形的图案（图 7-18）。在该过程中有两个因素对 TIPS-PEN 薄膜的选择性刻蚀至关重要：一个是基底上的 TIPS-PEN 和模板之间要有良好的接触，这确保了接触区域可以发生有效的热量聚集，使该位置的 TIPS-PEN 可以生长到模板上；另一个是 PDMS 模板中需要具有足够的自由体积，这允许 TIPS-PEN 在受热生长时有足够的空间向内扩散。基于该方法制备的底栅有机场效应晶体管的迁移率约为 0.36 $cm^2/(V·s)$，开关比为 $10^6$。

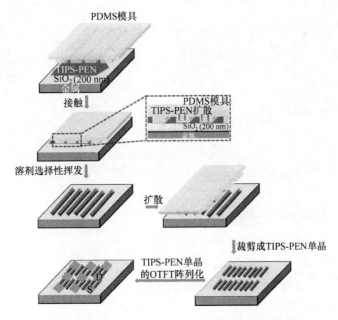

图 7-18 模板诱导印刷法制备阵列化有机微纳结构[59]

与其他的印刷方法相比，模板诱导印刷具备以下几个优点：①通过调节模板中通道的尺寸，易于控制晶体的直径；②通过模板的设计可以实现不同的图案形状；③使用模板成本较低，而且比较高效。不过该方法也有不少缺点。例如，由于PDMS难以加工到纳米尺度，该方法只适合制造微米尺度的阵列；在模板分离的过程中常常会对晶体造成不可避免的损害。

### 7.4.5 过滤转移法

过滤转移的方法结合了模板诱导和转移印刷的方法。Bao（鲍哲南）课题组采用该方法制备了阵列化的 $N,N'$-二苯乙基-3,4,9,10-苝二酰亚胺（BPE-PTCDI），并制备了场效应晶体管[60]。该方法首先将 BPE-PTCDI 溶于良溶剂中，通过加入不良溶剂或者降温的方法得到均匀分散的单晶微米线（MW）。之后将分散有微米线的悬浊液放置于覆盖PDMS掩模板的多孔氧化铝过滤装置上（图7-19）。通过真空过

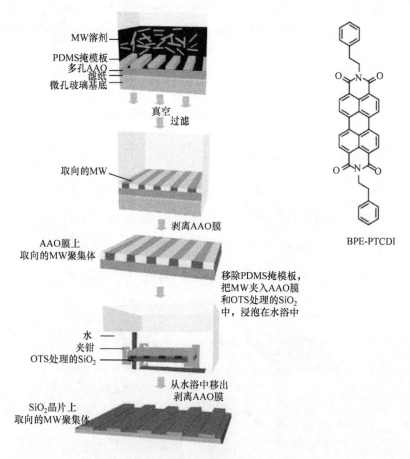

图 7-19　过滤转移法制备阵列化有机微纳结构[60]

滤，微米线将全部沉积于图案化的沟道内，且形成沿着沟道方向均匀排列的微米线条纹。沿着条纹方向微米线的取向度取决于过滤装置上下的压力差，而沟道内微米线的密度取决于原溶液的浓度。最后由该微米线组成的阵列转移到其他基底上，沉积金属电极后用于构筑场效应晶体管。

## 7.5 气相生长法

### 7.5.1 物理气相沉积

物理气相沉积(PVD)的方法已经被广泛应用于制造有机微纳单晶结构。该方法首先将原材料在真空中加热使其升华，然后通过气流将其输运到低温区，气相分子会在低温区逐渐沉积生长成纳米晶体。由于该方法不使用溶剂，也不会有其他杂质的引入，采用该方法生长的晶体晶界相对更少，晶体的质量相对更高。然而 PVD 方法在应用到大规模的器件时会产生大量的浪费，同时高温操作也进一步限制了该方法的应用。因此，迄今为止基于该方法的报道相对较少。

Huang(黄嘉兴)课题组通过 PVD 方法成功在硅、玻璃、金、铝、铁、铜等表面制备了垂直取向的 1,5-二氨基蒽醌(DAAQ)[61]。他们首先将 DAAQ 分散在乙醇溶液中，然后均匀地旋涂在圆底烧瓶的内壁上，加热烧瓶至 150～200 ℃，DAAQ 的粉末会逐渐升华，并随着蒸气传递到温度较低的接收器内的基底上。在早期阶段，DAAQ 会在基底上生长出 100 nm 左右垂直取向的纳米粒子，这些颗粒会成为后期生长的晶核，随后 DAAQ 会基于该晶核在垂直于基底的平面上进行生长。使用这种技术还可以制备酞菁铜(CuPc)和 5,10,15,20-四(4-吡啶基)卟啉($H_2$TPyP)的同轴异质结纳米线阵列[62]。该方法需要将 CuPc 和 $H_2$TyP 分别放置于两个不同温度的舟中，首先将 $H_2$TyP 升华沉积到基底上，形成垂直于基底排列的纳米线，在纳米线的顶端会出现中空的结构，随后 CuPc 升华并在中空结构中生长，形成核壳结构的异质结。该紧密连接的有序异质结结构在有机光电子器件中具有很大的应用潜力。

### 7.5.2 晶核诱导生长法

在气相生长法中，如果预先在基底上构筑图案化的晶核，则可以实现图案化的纳米线的生长。Hu(胡文平)与 Zhu(朱道本)课题组通过这一策略成功生长了酞菁铜的阵列化晶体[图 7-20(a)][63]。他们首先使用浸涂法在硅/二氧化硅基底上分散上酞菁铜的纳米颗粒，接着使用物理气相沉积法使纳米颗粒在该基底上进行生长。酞菁铜会沿着晶体的 $b$ 轴生长，并沿着基底的平面延伸。如果通过拉伸的方法或者使用探针改变晶核的方向，可以生成平行或者交错排列的纳米线阵列。该方法可以控制单根纳米线的生长方向，然而通过探针去调控晶核的位置效率较低，因此如果可以利用简单有效的方法批量定位纳米颗粒，则可以推动该方法在纳米线阵列化生长方面的应用。

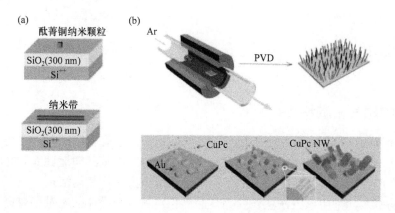

图 7-20　晶核诱导生长法制备有机微纳结构[63, 64]

金属纳米粒子也可以作为活性位点来引导纳米结构的图案化生长。Zhang(张秀娟)、Zhang(张晓宏)与 Jie(揭建胜)课题组成功利用金纳米粒子为晶核大面积生长了阵列化的酞菁铜。如图 7-20(b) 所示，他们首先在基底表面加工一层约 50 nm 厚的金膜，随后通过 PVD 的方法生长酞菁铜。他们发现通过该方法生长的酞菁铜纳米线和基底呈现出约 70°左右的角度[64]。结合光刻技术可以对金进行图案化，实现部分区域阵列化生长，可以制造包括平行、格子状甚至一些复杂结构的图案。该方法通过预先在基底上构筑图案化的金电极，可以同时实现纳米线的阵列化、图案化和集成化。这种集成器件表现出高产量、高度集成性，可以用于高分辨率的图像传感器。

### 7.5.3　模板诱导物理气相沉积

在传统的 PVD 生长中，除了晶核，基底上的少量杂质也可以诱导阵列化晶体的形成。Bao(鲍哲南)课题组预先在基底上制备一层图案化的自组装单分子层以提供不同的表面能，他们采用印刷的方法，直接将 OTS 印刷到亲水性的硅基底上。由于亲水部分表面能较高，阵列化的纳米线优先在亲水区域生长(图 7-21)。使用该方法他们制备了阵列化的并五苯、红荧烯和富勒烯以及相应的场效应晶体管器件[65]。

将气相沉积结合纳米压印的方法可以制备光栅结构，用来作为纳米线的生长基底。经 PVD 加工后，酞菁铜会沿着光栅槽的方向形成高度平行的纳米线阵列[66]。通过该方法生长的纳米线随后可以使用弹性印章转移到其他基底上用于器件加工(图 7-22)。

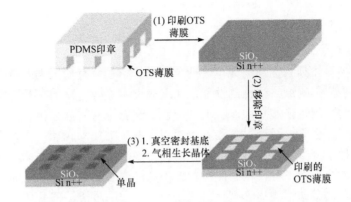

图 7-21 印刷法制备阵列化有机微纳结构[65]

图 7-22 气相沉积结合纳米压印的方法制备阵列化有机微纳结构[66]

除了光栅结构，也有使用柱状结构的基底作为模板来诱导PVD的方法（图 7-23）。该方法使用 9,10-二(苯基乙炔基)蒽（BPEA）的乙醇溶液作为蒸发源，将装有溶液的舟置于模板下，在空气中加热至 180 ℃（接近 BPEA 的升华温度）进行溶剂蒸发和材料沉积。由于基底上柱状结构的柱顶和侧壁之间的表面能的差异，BPEA 优先在柱边缘成核，这些晶核会持续生长，直到沿着柱边缘的取向连接在一起，形成高度对齐的纳米线阵列。该方法与其他的 PVD 不同之处在于，可以在空气或者氮气环境中进行，反而不能在真空中进行。生长在柱上的结构可以通过接触印刷的方法转移到其他的基底上，以便于后续的器件加工。该方法除了可以制造平行排列的纳米阵列外，如果调整基底上柱子的几何结构，也可以得到各种形状的纳米阵列，包括正方形、六边形和"X"形结构。通过设计不同的基底，得到的图案化纳米线阵列展示出各种光波导性质[67]。

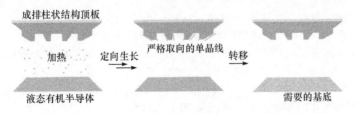

图 7-23 使用柱状结构的基底作为模板制备阵列化有机微纳结构[67]

## 7.6 小结

有机半导体具有优异的光电性能，在电子学领域有着巨大的潜力。然而无序的结构会强烈影响最终器件的性能，实现高度有序阵列化的生长对实际应用有着至关重要的影响。在本章中，我们介绍了实现有机材料阵列化和图案化方法的最新研究进展。目前已经通过各种基于溶液和蒸气的技术成功地在基底上加工了图案化的各种小分子。其中溶液加工技术包括滴涂法、涂布法和印刷法，具有成本低、易于大面积加工等特点。而蒸气加工方法容易得到更纯的晶体。

尽管有机微纳结构的阵列化研究取得了一定的进展，但是要应用到大规模工业生产中还有很多亟须解决的问题。第一，目前的加工手段分辨率仍然较低，而且有机材料和光刻操作不兼容也影响了下一步电极的加工。此外，对于复杂图案的构筑还存在较大的困难。第二，目前虽然已经可以制备柔性器件，但大多数有机材料仍然需要使用有机溶剂或高温操作，因此不能直接在柔性基底上直接加工，随着柔性电子器件的快速发展，直接在柔性基底上实现阵列化生长非常重要。第三，由有机材料制备的活性层中仍然具有不少晶界，纳米线的尺寸、性质、大小等都很难保持一致，实现纳米线阵列各参数的稳定性和可重复性，对于未来实现器件应用至关重要。

可以看到，有机微纳结构的阵列化研究在过去十几年取得了巨大的进步，但仍然面临不少挑战，鉴于其特殊的光电性能和大规模制备的可能性，其在有机电子学领域有着光明的应用前景。

## 参 考 文 献

[1] Menard E, Meitl, M. A, Sun, Y, et al. Micro- and nanopatterning techniques for organic electronic and optoelectronic systems. Chem Rev, 2007, 107: 1117-1160.

[2] El-Ali J, Sorger P K, Jensen K F. Cells on chips. Nature, 2006, 442: 403-411.

[3] Campo A D, Arzt E. Fabrication approaches for generating complex micro- and nanopatterns on polymeric surfaces. Chem Rev, 2008, 108: 911-945.

[4] Di C A, Zhang F J, Zhu D B. Multi-functional integration of organic field-effect transistors (OFETs): Advances and perspectives. Adv Mater, 2013, 25: 313-330.

[5] Kaltenbrunner M, Sekitani T, Reeder J, et al. An ultra-lightweight design for imperceptible plastic electronics. Nature, 2013, 499: 458-463.

[6] Giri G, Verploegen E, Mannsfeld S C B, et al. Tuning charge transport in solution-sheared organic semiconductors using lattice strain. Nature, 2011, 480: 504-508.

[7] Minemawari H, Yamada T, Matsui H, et al. Inkjet printing of single-crystal films. Nature, 2011, 475: 364-367.

[8] Nakayama K, Uno M, Uemura T, et al. High-mobility organic transistors with wet-etch-patterned top electrodes: A novel patterning method for fine-pitch integration of organic devices. Adv Mater Interfaces, 2014, 1: 1300124.

[9] Su B, Wu Y C, Jiang L. The art of aligning one-dimensional (1D) nanostructures. Chem. Soc Rev, 2012, 41: 7832-7856.

[10] Briseno L, Mannsfeld S C B, Ling M M, et al. Patterning organic single-crystal transistor arrays. Nature, 2006, 444: 913-917.

[11] Mann S. Self-assembly and transformation of hybrid nano-objects and nanostructures under equilibrium and non-equilibrium conditions. Nat Mater, 2009, 8: 781-792.

[12] Wang C L, Dong H L, Hu W P, et al. Semiconducting $\pi$-conjugated systems in field-effect transistors: A material odyssey of organic electronics. Chem Rev, 2012, 112: 2208-2267.

[13] Zhang X, Jie J, Deng W, et al. Alignment and patterning of ordered small-molecule organic semiconductor micro-/nanocrystals for device applications. Adv Mater, 2016, 28: 2475-2503.

[14] Schmaltz T, Sforazzini G, Reichert T, et al. Self-assembled monolayers as patterning tool for organic electronic devices. Adv Mater, 2017, 29: 1605286.

[15] Yunker P J, Still T, Lohr M A. Suppression of the coffee-ring effect by shape-dependent capillary interactions. Nature, 2011, 476: 308-311.

[16] Zhang C Y, Zhang X J, Zhang X H, et al. Facile one-step growth and patterning of aligned squaraine nanowires via evaporation-induced self-assembly. Adv Mater, 2008, 20: 1716-1720.

[17] Cavallini M, D'Angelo P, Criado V V, et al. Ambipolar multi-stripe organic field-effect transistors. Adv Mater, 2011, 23: 5091-5097.

[18] Duan X X, Zhao Y P, Berenschot E, et al. Large-area nanoscale patterning of functional materials by nanomolding in capillaries. Adv Funct Mater, 2010, 20: 2519-2526.

[19] Li H Y, Tee B C K, Cha J J, et al. High-mobility field-effect transistors from large-area solution-grown aligned $C_{60}$ single crystals. J Am Chem Soc, 2012, 134: 2760-2765.

[20] Jo P S, Vailionis A, Park Y M, et al. Scalable fabrication of strongly textured organic semiconductor micropatterns by capillary force lithography. Adv Mater, 2012, 24: 3269-3274.

[21] Kim A, Jang K, Kim J, et al. Solvent-free directed patterning of a highly ordered liquid crystalline organic semiconductor via template-assisted self-assembly for organic transistors. Adv Mater, 2013, 25: 6219.

[22] Mukherjee B, Sim K, Shin T J, et al. Organic phototransistors based on solution grown, ordered single crystalline arrays of a $\pi$-conjugated molecule. J Mater Chem, 2012, 22: 3192-3200.

[23] Li H Y, Tee B C K, Giri G, et al. High-performance transistors and complementary inverters based on solution-grown aligned organic single-crystals. Adv Mater, 2012, 24: 2588-2591.

[24] Fan C C, Zoombelt A P, Jiang H, et al. Solution-grown organic single-crystalline p-n junctions with ambipolar charge transport. Adv Mater, 2013, 25: 5762-5766.

[25] Wang Z L, Bao R R, Zhang X J, et al. One-step self-assembly, alignment, and patterning of organic semiconductor nanowires by controlled evaporation of confined microfluids. Angew Chem Int Ed, 2011, 50: 2811-2815.

[26] Bao R R, Zhang C Y, Wang Z L, et al. Large-scale controllable patterning growth of aligned

organic nanowires through evaporation-induced self-assembly. Chem Eur J, 2012, 18: 975-980.

[27] Nakayama K, Hirose Y, Soeda J, et al. Patternable solution-crystallized organic transistors with high charge carrier mobility. Adv Mater, 2011, 23: 1626-1629.

[28] Bao R R, Zhang C Y, Zhang X J, et al. Self-assembly and hierarchical patterning of aligned organic nanowire arrays by solvent evaporation on substrates with patterned wettability. ACS Appl Mater Interfaces, 2013, 5: 5757-5762.

[29] Goto O, Tomiya S, Murakami Y, et al. Organic single-crystal arrays from solution-phase growth using micropattern with nucleation control region. Adv Mater, 2012, 24: 1117-1122.

[30] Giri G, Park S, Vosgueritchian M, et al. High-mobility, aligned crystalline domains of TIPS-pentacene with metastable polymorphs through lateral confinement of crystal growth. Adv Mater, 2014, 26: 487-493.

[31] Minari T, Kano M, Miyadera T, et al. Surface selective deposition of molecular semiconductors for solution-based integration of organic field-effect transistors. Appl Phys Lett, 2009, 94: 093307.

[32] Kotsuki K, Obata S, Saiki K, Electric-field-assisted position and orientation control of organic single crystals. Langmuir, 2014, 30: 14286-14291.

[33] Shoji Y, Yoshio M, Yasuda T, et al. Alignment of photoconductive self-assembled fibers composed of π-conjugated molecules under electric fields. J Mater Chem, 2010, 20: 173-179.

[34] Sardone L, Palermo V, Devaux E, et al. Electric-field-assisted alignment of supramolecular fibers. Adv Mater, 2006, 18: 1276-1280.

[35] Duzhko V, Du J G, Zorman C A, et al. Electric field patterning of organic nanoarchitectures with self-assembled molecular fibers. J Phys Chem C, 2008, 112: 12081-12084.

[36] Molina-Lopez F, Yan H P, Gu X D, et al. Electrc field tuning molecular packing and electrical properties of solution- shearing coated organic semiconducting thin films. Adv Funct Mater, 2017, 27: 1605503.

[37] Takazawa K, Inoue J, Mitsuishi K. Self-assembled coronene nanofibers: optical waveguide effect and magnetic alignment. Nanoscale, 2014, 6: 4174-4181.

[38] Shklyarevskiy I O, Jonkheijm P, Christianen P C M, et al. Magnetic alignment of self-assembled anthracene organogel fibers. Langmuir, 2005, 21: 2108-2112.

[39] Jang J, Nam S, Im K, et al. Highly crystalline soluble acene crystal arrays for organic transistors: Mechanism of crystal growth during dip-coating. Adv Funct Mater, 2012, 22: 1005-1014.

[40] Li L Q, Gao P, Schuermann K C, et al. Controllable growth and field-effect property of monolayer to multilayer microstripes of an organic semiconductor. J Am Chem Soc, 2010, 132: 8807-8809.

[41] Li M M, An C B, Pisula W, et al. Alignment of organic semiconductor microstripes by two-phase dip-coating. Small, 2014, 10: 1926-1931.

[42] Li Y, Liu C, Kumatani A, et al. Large plate-like organic crystals from direct spin-coating for solution-processed field-effect transistor arrays with high uniformity. Org Electron, 2012, 13: 264-272.

[43] Li Y, Liu C, Wang Y, et al. Flexible field-effect transistor arrays with patterned solution-processed organic crystals. AIP Advances, 2013, 3: 052123.

[44] Yuan Y, Giri G, Ayzner A L, et al. Ultra-high mobility transparent organic thin film transistors via an off-center spin-coating method. Nature Comm, 2014, 5: 3005.

[45] Becerril H A, Roberts M E, Liu Z H, et al. High-performance organic thin-film transistors through solution-sheared deposition of small-molecule organic semiconductors. Adv Mater, 2008, 20: 2588-2594.

[46] Diao Y, Tee B C K, Giri G, et al. Solution coating of large-area organic semiconductor thin films with aligned single-crystalline domains. Nat Mater, 2013, 12: 665-671.

[47] Khim D, Han H, Baeg K J, et al. Simple bar-coating process for large-area, high-performance organic field-effect transistors and ambipolar complementary integrated circuits. Adv Mater, 2013, 25: 4302-4308.

[48] Kim Y H, Yoo B, Anthony J E, et al. Controlled deposition of a high-performance small-molecule organic single-crystal transistor array by direct ink-jet printing. Adv Mater, 2012, 24: 497-502.

[49] Piner R D, Zhu J, Xu F, et al. "Dip-pen" nanolithography. Science, 1999, 283: 661-663.

[50] Ginger D S, Zhang H, Mirkin C A. The evolution of dip-pen nanolithography. Angew Chem Int Ed, 2004, 43: 30-45.

[51] Garcia R, Martinez R V, Martinez J. Nano-chemistry and scanning probe nanolithographies. Chem Soc Rev, 2006, 35: 29-38.

[52] Deng W, Zhang X J, Pan H H, et al. A high-yield two-step transfer printing method for large-scale fabrication of organic single-crystal devices on arbitrary substrates. Sci Rep, 2014, 4: 5358.

[53] Takahashi T, Takei K, Ho J C, et al. Monolayer resist for patterned contact printing of aligned nanowire arrays. J Am Chem Soc, 2009, 131: 2102-2103.

[54] Lee C H, Kim D R, Zheng X L. Fabricating nanowire devices on diverse substrates by simple transfer-printing methods. Proc Natl Acad Sci USA, 2010, 107: 9950-9955.

[55] Hsieh G W, Wang J J, Ogata K, et al. Stretched contact printing of one-dimensional nanostructures for hybrid inorganic-organic field effect transistors. J Phys Chem C, 2012, 116: 7118-7125.

[56] Hwang J K, Cho S, Dang J M, et al. Direct nanoprinting by liquid-bridge-mediated nanotransfer moulding. Nat Nanotechnol, 2010, 5: 742-748.

[57] Park K S, Cho B, Baek J, et al. Single-crystal organic nanowire electronics by direct printing from molecular solutions. Adv Funct Mater, 2013, 23: 4776-4784.

[58] Park K S, Lee K S, Kang C, et al. Cross-stacked single-crystal organic nanowire p-n nanojunction arrays by nanotransfer printing. Nano Lett, 2015, 15, 289-293.

[59] Bae I, Kang S J, Shin Y J, et al. Tailored single crystals of triisopropylsilylethynyl pentacene by selective contact evaporation printing. Adv Mater, 2011, 23: 3398-3402.

[60] Oh J H, Lee H W, Mannsfeld S, et al. Solution-processed, high-performance n-channel organic microwire transistors. Proc Natl Acad Sci USA, 2009, 106: 6065-6070.

[61] Zhao Y S, Wu J S, Huang J X. Vertical organic nanowire arrays: Controlled synthesis and chemical sensors. J Am Chem Soc, 2009, 131, 3158-3159.

[62] Cui Q H, Jiang L, Zhang C, et al. Coaxial organic p-n heterojunction nanowire arrays: One-step

synthesis and photoelectric properties. Adv Mater, 2012, 24: 2332-2336.

[63] Tang Q X, Li H X, Song Y B, et al. *In situ* patterning of organic single-crystalline nanoribbons on a $SiO_2$ surface for the fabrication of various architectures and high-quality transistors. Adv Mater, 2006, 18: 3010-3014.

[64] Wu Y M, Zhang X J, Pan H H, et al. *In-situ* device integration of large-area patterned organic nanowire arrays for high-performance optical sensors. Sci Rep, 2013, 3: 3248.

[65] Briseno A L, Mannsfeld S C B, Ling M M, et al. Patterning organic single-crystal transistor arrays. Nature, 2006, 444: 913-917.

[66] Zhang Y P, Wang X D, Wu Y M, et al. Aligned ultralong nanowire arrays and their application in flexible photodetector devices. J Mater Chem, 2012, 22: 14357-14362.

[67] Wu Y C, Feng J G, Jiang X Y, et al. Positioning and joining of organic single-crystalline wires. Nat Commun, 2015, 6: 6737.

# 第 8 章

# 有机微纳结构应用

## 8.1 有机场效应晶体管

### 8.1.1 引言

晶体管被誉为 20 世纪人类最伟大的发明之一。1930 年 Lilienfeld 首先提出了场效应晶体管的概念：利用一个外加电场来控制半导体表面电流的产生与消失，通过外加电场强度的大小来控制半导体表面产生电流的大小。1945 年，美国贝尔实验室开始致力于场效应晶体管的研究。1960 年，贝尔实验室的 Kahng 和 Atalla 率先研制出第一个基于硅基的金属-氧化物-半导体场效应晶体管(MOSFET)，这是一个历史性的突破。

有机场效应晶体管(OFET)概念的提出则需追溯到 20 世纪 70 年代。此前，有机聚合物一直被认为是绝缘体，不具备光、电、磁等导体或半导体的性质。直到 20 世纪 70 年代，导电聚合物的出现突破了人们此前对于聚合物的认识。从此以后，人们开始关注导电聚合物在电子学器件中的各种应用，OFET 便是其中一种电子学器件。1983 年 Ebisawa 课题组[1]报道了采用聚乙炔为半导体的场效应器件，但是器件的开关特性很不明显。1986 年，Tsumura 课题组[2]报道的用聚噻吩作为半导体的 OFET 器件成为第一个表现出明显的输出特性的有机场效应晶体管。随后该领域受到了人们越来越多的关注，并出现了大量的有关有机小分子和聚合物场效应晶体管的研究论文，有机场效应晶体管传输性能的衡量标志之一——载流子的迁移率从 $10^{-5}$ cm$^2$/(V·s)提高到 30 cm$^2$/(V·s)以上[3]。

OFET 具备成本低、轻便、可柔性加工等特点，并且可以通过溶液过程加工，在逻辑电路、显示器和射频电子设备等领域具有很大的应用价值[4]。另外，有机电致发光二极管和太阳电池中一个非常重要的环节就是载流子在有机材料中的迁移[5]，因此弄清载流子的迁移机理和获得高的迁移率是有机半导体材料研究的关键问题。载流子的迁移率是指载流子(空穴或电子)在单位电场下的平均漂移速度，即载流子在电场下定向移动的速度大小。测量迁移率的方法有很多,如霍尔效应法(通常用于高迁移率材料)、空间限制电流法(用于迁移率较低的材料)、电荷衰减法、瞬态电流法、飞行时间法和场效应法[6]。其中场效应法即通过加工 OFET 器件进行迁移率的测量,因此对 OFET 的研究不仅具有实际应用价值,而且对理解载流子在有机半导体材料中的迁移机理具有重要意义[7]。

关于 OFET 的专著已经有很多,本节将对 OFET 器件的工作原理和微纳结构进行简要介绍,对于 OFET 半导体层材料不做详细介绍。

## 8.1.2 有机场效应晶体管的工作原理与器件结构

OFET 是一种基于三电极的电路开关元件,其工作原理如图 8-1 所示。器件包括三个电极[栅极(G)、源极(S)和漏极(D)]、绝缘层及半导体层。当有机半导体层处于低掺杂状态时,栅极如果没有加上电压,则源漏两极间没有电流通过。在栅极加上偏压的状态下,产生的电场能够诱导半导体层中产生电荷,并在源漏两极之间的半导体层和绝缘层的界面上产生电流。根据特定条件下多数载流子的类型,场效应晶体管可以被分为 p 型(空穴)和 n 型(电子),在特定条件下,可传输电子又可传输空穴的场效应晶体管是双极性场效应晶体管(ambipolar FET)。

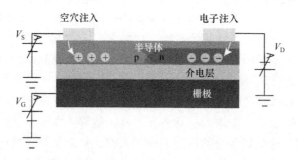

图 8-1 有机场效应晶体管工作原理示意图

根据电极相对于半导体层和栅绝缘层的位置,OFET 可以被分为底栅底接触(BGBC)、底栅顶接触(BGTC)、顶栅顶接触(TGTC)、顶栅底接触(TGBC)四种结构。在不同的器件结构中,电极和栅极的相对位置不同,进而电荷的注入方式和途径也不同。顶接触结构中的有机半导体层直接生长在绝缘层上,再进行源漏电极的沉积,其优点在于有机半导体层与绝缘层的界面较为均一。而底接触结构中的有机半导体层的基底是绝缘层和源漏金属电极两种介质,在其上生长的有机半导体层的生长模式不同,从而导致沟道内部、沟道与源漏电极过渡区域上生长的有机半导体层的性质可能存在不同,进而影响整个晶体管的性能。此外,异面结构(BGTC、TGBC)中电荷的有效注入面积大于同面结构(BGBC、TGTC)中的有效注入面积，导致异面结构器件中的接触电阻较小。此外，顶接触结构不适合大批量生产，因而限制了顶接触结构在有机场效应晶体管中的实际应用。

### 8.1.3 有机微纳单晶场效应晶体管

有机微纳单晶场效应晶体管是基于微纳单晶的微小器件，近年来获得了快速的发展。相比于薄膜，单晶中不存在晶界，同时，单晶中的缺陷和杂质密度较低[8]，此类晶体管为研究有机半导体的结构-性能关系以及电荷传输机理等基本科学问题提供了有效的工具。基于有机微纳单晶场效应晶体管，人们第一次观察到了电荷在半导体表面的本征传输特性[9]。另外，相比于同种材料的薄膜器件，单晶器件表现出更高的迁移率[10]。单晶晶体管具有良好的可重复性，不同的研究者可以得到相近的结果，这利于数据分析。有机微纳单晶场效应晶体管的迅速发展可加深相关研究者对有机电子学器件基本科学问题的理解，促进有机电子学的发展。

为了探索有机材料中载流子传输的本质和构筑高性能的 OFET 器件，采用有机材料单晶来构筑器件是很有必要的。但是，有机单晶并不容易得到，且较易被破坏，这限制了它的大面积加工制造和在 OFET 中的应用，因此，如何无损制备高性能有机微纳单晶场效应晶体管仍是一个挑战。

多年以来，尽管研究人员做了大量将小分子单晶应用于场效应晶体管中的工作，但是由于晶体的易脆性、器件加工的复杂性等因素，第一例有机微纳单晶场效应晶体管在 2002 年才由 Ichikawa 课题组报道[11]。研究人员利用外延生长法在 KCl 基底上生长了 BP2T{5,5′-di{[1,1′-biphenyl]-4-yl}-2,2′-bithiophene}单晶，再以 SiO$_2$ 为绝缘层，构筑了底栅顶接触器件，该器件展示出最高达 0.66 cm$^2$/(V·s)的空穴迁移率(图 8-2)。

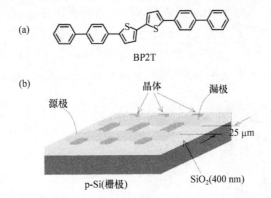

图 8-2 (a)BP2T 分子结构式；(b)BP2T 单晶做半导体层的 OFET 器件示意图[11]

2007 年，Takeya 课题组报道了以红荧烯(rubrene)作为半导体层，二苯基蒽

(DPA)作为栅极绝缘层，利用物理气相转移方法(PVT)制备了双栅极OFET器件。该双面器件独立操作实现了最高达 24 $cm^2/(V \cdot s)$ 的空穴迁移率，若利用两个栅极同时操作可以实现最高为 43 $cm^2/(V \cdot s)$ 的空穴迁移率，这是目前关于单晶OFET器件迁移率的最高值[12]。2011年，Tsukagoshi课题组报道了利用 $C_8$-BTBT 作为半导体层，使用溶剂蒸气退火(SVA)方法在PMMA绝缘层薄膜上得到 $C_8$-BTBT 单晶，以此法加工成的OFET器件最高表现出 9.3 $cm^2/(V \cdot s)$ 的空穴迁移率。同时，该迁移率数值随着温度的降低而升高，表现出本征的能带传输特点。阈值电压几乎不随温度的改变而变化，也说明材料带隙中的陷阱密度较低[13]。

相比于被广泛且深入研究的p型单晶有机场效应晶体管[最高载流子迁移率超过 10 $cm^2/(V \cdot s)$]，n型单晶有机场效应晶体管中载流子迁移率达到 1 $cm^2/(V \cdot s)$ 的报道却很少。具有高载流子迁移率的 n 型单晶有机场效应晶体管是高速、低能耗互补电路的必要组成部分。然而，目前只有极少数的 n 型有机小分子实现了超过 1 $cm^2/(V \cdot s)$ 的电子迁移率，如富勒烯、二酰亚胺的衍生物以及氟取代的并苯类化合物等。少数的 n 型单晶有机场效应晶体管具有较好的空气稳定性。

2004年，Rogers课题组首次报道了 n 型单晶OFET。研究人员以TCNQ单晶作为半导体层，以空气作为绝缘层实现了最高达 1.6 $cm^2/(V \cdot s)$ 的电子迁移率[9]；而采用PDMS作为绝缘层，电子迁移率只有 $10^{-3}$ $cm^2/(V \cdot s)$，原因可能为TCNQ具有极高的电子亲和能。对PDMS进行掺杂，得到了较高的关态电流和较低的开关比。

2015年，Pei(裴坚)课题组发展了一种具有较低LUMO能级的小分子 $F_4$-BDOPV，其LUMO能级低达 −4.44 eV，从而可以由此制备高效的n型单晶有机场效应晶体管器件[10]。$F_4$-BDOPV 单晶中分子采取反平行共面的排列方式，导致其在π-π堆积方向，即电荷传输方向上表现出很高的电子转移积分数值。低LUMO能级和紧密的晶体排列使 $F_4$-BDOPV 微米线器件表现出高达 12.6 $cm^2/(V \cdot s)$ 的电子迁移率，并同时具有很好的空气稳定性。这是目前报道的首例空气中稳定且电子迁移率超过 10 $cm^2/(V \cdot s)$ 的 n 型有机半导体材料，表明BDOPV小分子在高效的 n 型有机半导体中具有优越的应用潜力(图8-3，扫描封底二维码可见本图彩图)。

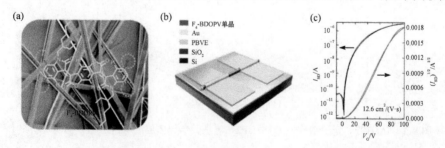

图8-3　(a)$F_4$-BDOPV 微米线的扫描电子显微镜图片；(b)BGTC 单晶 OFET 器件结构示意图；(c)$F_4$-BDOPV 微米线器件的转移曲线[10]

2016 年，Miao（缪谦）课题组通过提拉的溶液加工方法，以 TIPS-TAP 单晶作为半导体层，以 CDPA 单分子层修饰的 SiO$_2$ 作为介电层制备的场效应晶体管器件，在室温下表现出高达 11 cm$^2$/(V·s) 的电子迁移率（图 8-4）[14]，同时，该迁移率表现出本征的能带传输特点。

有机单晶 OFET 作为研究有机半导体本征性能的有力工具，大大加深了人们对有机功能材料的认识。随着人们对有机半导体结构-性能关系认识的逐渐深入，真正地根据功能设计、合成有机分子材料将成为现实。

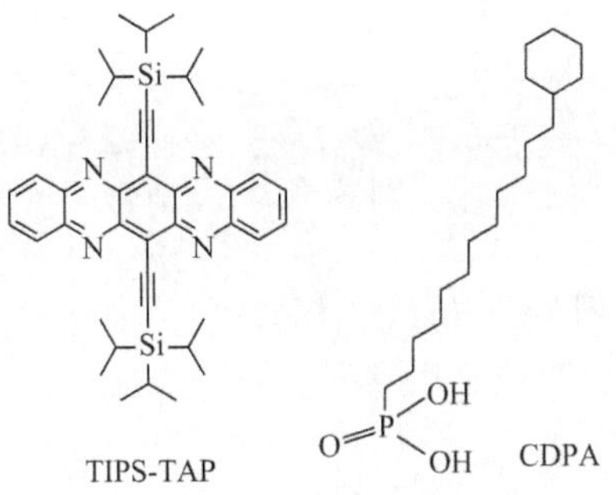

图 8-4 单分子修饰层 TIPS-TAP 与 CDPA 的结构式[14]

### 8.1.4 共轭聚合物微纳晶场效应晶体管

不同于有机小分子，聚合物微纳晶的获得只能通过溶液法。并且聚合物材料通常具有很高的分子量和错综复杂的分子间相互作用，这就使得其结晶过程变得极其复杂，甚至长久以来制备聚合物场效应晶体管一直是材料学家遥不可及的梦想。直到 2006 年，Kim 课题组通过自组装（self-assembly）方法获得了具有规则外形的 P3HT 微米线，这也是有关共轭聚合物单晶方面的首次报道[15]。随后，人们在聚噻吩化合物微纳晶的制备方面做了深入而广泛的研究，研究发现，共轭聚合物分子结构上的细微变化、分子量的大小、溶剂的选择等都会对其结晶过程和最终的分子堆积方式造成很大的影响[16,17]。

2008 年，Xia（夏幼南）课题组将质子化的 BBL（图 8-5）溶液滴加到快速搅拌的 CHCl$_3$∶CH$_3$OH（4∶1）的混合溶液中，这里 CHCl$_3$ 作为弱作用溶剂，而 CH$_3$OH 作为碱性溶剂起到了对 BBL 去除质子的作用，使得 BBL 分子自组装形成了多晶纳米带。控制两种溶剂的比例可以控制纳米带的直径。BBL 纳米带的器件测试显示了 7×10$^{-3}$ cm$^2$/(V·s) 的电子迁移率，同时表现出良好的稳定性[18]。

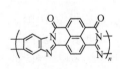

图 8-5 BBL 结构式

2012 年，Müllen 课题组利用溶剂蒸气增强滴涂（SVED）方法得到了给受体共轭聚合物 CDT-BTZ（图 8-6）的聚合物纳米线，并首次将聚合物纳米线用作半导体材料制备了底栅顶接触的 OFET 器件，器件显示出高达 5.5 cm$^2$/(V·s) 的空穴迁移率，该数值是此材料报道的迁移率的最高值。相比于传统的溶液加工方法，该加工方法显著提高了共轭聚合物的有序度，进而提升了其器件性能，该研究工作对于共轭聚合物微纳晶场效应晶体管的相关研究具有划时代的意义[19]。

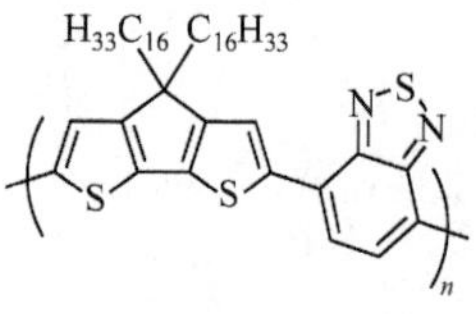

图 8-6　给受体共轭聚合物 CDT-BTZ 结构式

以上结果表明，通过选择合适的共轭聚合物材料，特别是具有一定刚性共轭结构的高分子材料，优化溶液自组装过程(溶剂的选择、基底的修饰及挥发速率的控制等)来制备一些具有有序分子排列的结晶性甚至单晶特性的聚合物微纳晶是有可能的。这些问题的研究也有助于揭示聚合物内的电荷传输机理以及结构与性能的关系，对聚合物半导体材料的本征性能做出合理的评价，反过来也会对新型材料的设计合成起到更有价值的指导作用。

## 8.2　有机太阳电池

### 8.2.1　引言

目前，无机太阳电池的能量转化效率(PCE)已经达到 25%。但是，无机半导体材料生产制造耗能高、成本高，在制造过程中会产生一些剧毒物质；产品不具有柔韧性，导致不易加工；而且窄带隙半导体材料会发生严重的光腐蚀。相比无机太阳电池，有机太阳电池(OPV)材料具有以下优点：质量轻、可制作柔性器件、易于进行化学结构修饰。有机聚合物材料除了具备以上这些有机材料的优点之外，还具有一个非常重要的特点：可溶液加工。典型的溶液加工方法主要包括喷墨印刷和旋涂。溶液加工方法的使用能大大降低加工成本，同时易于制作大面积器件。因此，聚合物太阳电池材料可溶液加工的这一优点尤其受到工业界的关注。

1986 年，美国柯达公司的邓青云博士首次将 p-n 结的概念引入有机太阳电池中，实现了接近 1%的能量转化效率[20]。这是有机太阳电池发展史上具有里程碑意义的事件，自此，有机太阳电池的发展进入了春天。经过数十年来的快速发展，目前基于有机半导体材料的太阳电池的能量转化效率已经超过了 17.3%[21]。

关于 OPV 的专著已经有很多，而关于有机微纳米材料应用于光伏电池方面的报道并不是很多。接下来将对有机微纳结构在 OPV 方面的应用进行简要介绍，对于 OPV 器件类型和物理过程不做详细介绍。

### 8.2.2　有机微纳太阳电池

Hu(胡文平)课题组研究了有机单晶 p-n 结纳米带的生长和电荷传输性质[22]。

p-n 结纳米带的制备是在水平管式炉内使用 PVD 技术完成的。他们首先在 Si/SiO$_2$ 基底上生长 CuPc 的纳米带,随后再使 F$_{16}$CuPc 在此纳米带上结晶,通过光学显微镜可以清楚地观察到 p-n 结长度达到 25 μm,这样便形成了单个 p-n 结纳米带。p-n 结的长度取决于化合物 CuPc 模板的长度和 F$_{16}$CuPc 在模板上的结晶时间,用 SEM 表征得到的单个 p-n 结的长度为十几微米。AFM 测量得到 p-n 结的厚度为 143 nm,包括 87 nm 的 CuPc 和 56 nm 的 F$_{16}$CuPc。为了更好地展示该 p-n 结纳米带的性质,该研究组构筑了一个独立的 p-n 结纳米带光伏太阳电池(图 8-7 为电池的构造示意图)并研究了其光伏性质。在 AM1.5 的太阳光辐照下,短路电流密度 $J_{sc}$=0.054 mA/cm$^2$,开路电压 $V_{oc}$=0.35 V,填充因子 FF=0.36,能量转化效率 $\eta$=0.007%。虽然器件性能并不理想,但是该研究为高性能有机单晶 p-n 结纳米带在基础科学以及新型器件的构筑技术领域的应用提供了研究基础。

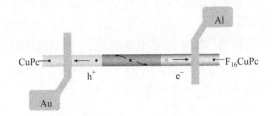

图 8-7 独立的 p-n 结太阳电池的构造示意图[22]

Jenekhe 课题组使用区域规整的聚(3-丁基噻吩)[poly(3-butylthiophene),P3BT] 制备了高度有序的纳米线(P3BT-nw)[23],再与 PC$_{61}$BM 共混(1:1)得到纳米复合物薄膜(图 8-8)。他们利用 TEM 和 AFM 对其形貌进行了表征。P3BT 纳米线的宽度为 8~10 nm,长度达到 5~10 μm。这些纳米线被连续的 PC$_{61}$BM 包围并形成相互连接的网络。他们分别将 P3BT-nw/ PC$_{61}$BM(1:1)和 P3BT/ PC$_{61}$BM(1:1)体系构筑的器件在空气中 AM1.5 的太阳光辐射下进行了性能测试,P3BT-nw/PC$_{61}$BM 器件空穴迁移率比 P3BT/PC$_{61}$BM 器件高 200 倍,达 8×10$^{-2}$ cm$^2$/(V·s),能量转化效率高 10 倍,达到 2.2%。他们也测试了由 P3HT/PC$_{71}$BM(1:1)体系构筑的电池的性

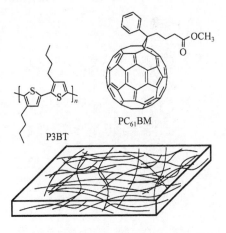

图 8-8 P3BT 和 PC$_{61}$BM 的分子结构式以及薄膜中它们所形成的互穿网络结构[23]

能，在相同条件下测得的能量转化效率与 P3HT-nw/PC$_{71}$BM(1∶1)相同。不过，P3BT-nw/PC$_{71}$BM(1∶0.75)体系的迁移率较高，为 $1.9×10^{-3}$ cm$^2$/(V·s)。这一研究表明，高度有序的 P3BT 纳米线有利于电荷的分离和传输，从而有利于电池效率的提高。

传统的平面异质结型太阳电池因为有机材料激子扩散长度短，激子不能发生有效分离而造成器件效率低下，为了解决这一问题，1995 年 Heeger 课题组提出了体异质结(BHJ)型结构的太阳电池。他们将给体 MEH-PPV 和可溶性受体材料 C$_{60}$ 衍生物 PCBM 混合在一起，制备出具有互穿网络结构的本体异质结有机太阳电池，很大程度上减小了激子所需的扩散长度，有效提升了有机太阳电池的器件效率[24]。2009 年，Matile 课题组提出利用超分子相互作用(氢键相互作用与π-π相互作用)的策略构筑超分子 p-n 异质结(supramolecular p/n-heterojunction, SHJ)有机太阳电池，旨在从分子水平解决激子扩散长度不足的问题。作者利用寡聚联苯作为"棒状"给体。寡聚联苯可作为空穴传输通道；在其两侧伸展出的功能化萘二酰亚胺(NDI)片段作为受体，利用氢键相互作用与π-π相互作用形成电子传输通道，实现分子水平的给体材料与受体材料的互穿结构。该策略在将有机微纳材料应用于太阳电池方面具有重要指导意义(图 8-9)[25]。

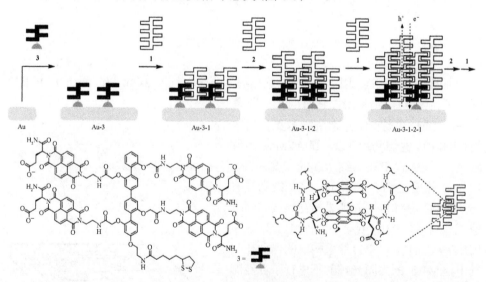

图 8-9　超分子 p-n 异质结：分子水平的给体受体互穿网络示意图[25]

有机太阳电池因为有着成本低、材料选择多样、易于大面积制备和适用于柔性基底等一系列独特优点而拥有良好的应用前景。但是效率和寿命问题仍然限制着有机太阳电池的商业化。下一步，有机太阳电池的研究应该着重于发展能同时提高太阳电池效率和寿命的方法。而解决这两个问题的关键仍在于具有新结构的、性能更优良的材料的设计,以及新的器件结构的开发。未来,有机微纳结构会在有机太阳电池研究中扮演关键的角色。

## 8.3 有机分子传感器

### 8.3.1 引言

分子传感器是指有着分子尺寸或比分子尺寸较大一些的、与被分析物相互作用时能够给出实时信号的一种分子器件。它集分子电子学、化学科学、材料科学和生物科学于一体,原理是使用具有特定分子结构的敏感器件(分子或分子体系)识别待测体系,定量和高选择性地转化为可检测的光电信号,并由高度集成的电子仪器进行信息分析、处理,从而得到相关环境的化学物质的信息。

一个具有分子器件性质的化学传感器可以简单地分为三个部分:①外来物种的识别部分(recognition moiety);②传感器在接受外来物种后将信息传输出去的报告部分(report moiety);③中继体部分(spacer)。

随着科学的不断发展,化学传感器从最初的检测某些无机金属离子或阴离子发展到检测有机物或生物活性物质,甚至是温度、压力等一些宏观物理量,给人们的生活或生产带来了很大的便利。目前,化学传感器主要用于监测工作环境、食品和室内空气中的有害化学物质和生物物质,以及能源工业中主要燃料成分的控制和利用率的现场监测,同时在备受关注的环境保护、空气质量检测等领域也有着广泛的应用。

化学传感器是一个广阔的研究领域,从检测依据来讲,化学传感器主要是利用传感分子与被检测物质之间的相互作用进行"分子识别",这一识别过程可以改变传感分子的结构及光电性质,进而以光电信号的方式表达出来。根据检测对象的不同,化学传感器可以分为离子传感器、分子传感器、温度传感器、pH 传感器等;根据检测方法的不同,化学传感器可以分为电化学传感器、电磁传感器等。任何一种分类方法都较难全面地概括化学传感器的所有内容,本节对化学传感器所用的材料不做详细介绍,主要介绍有机微纳结构在化学传感器领域发挥的作用。

### 8.3.2 微纳结构应用于电化学传感器

和一般的化学传感器一样,电化学传感器通常由三部分组成。其报告器部分为一个电活性中心,被检测物与传感器分子的相互作用对电活性中心产生影响,引起电学性质(如氧化还原性质、电导率等)的改变。电化学传感器具有专一、直观、干扰小、容易区分等特点。将微纳结构的研究方法引入电化学传感器件会进一步丰富检测的方法和手段。

相比于传统的电化学传感器件中以氧化还原性质的改变作为检测手段,利用材料电导率的改变进行检测的报道较少。2007 年,Moore 课题组报道了首例利用苝二酰亚胺(PDI)衍生物的纳米带制备的电化学传感器,传感器表现出对肼(联氨,$N_2H_4$)分子明显的响应信号(图 8-10)。研究者采用相转移自组装的方法生长出 PTCDI 纳米带,相比于纳米线,纳米带在沉积到电极上时具有更大的接触面积,有效降低了接触电阻,提升了传感器检测的灵敏度。当通过π-π相互作用紧密排列的 PTCDI 纳米带遇到 $N_2H_4$ 时,两者会发生有效的分子间电荷转移,$N_2H_4$ 给出一个电子被 PTCDI 接受,后者形成稳定的自由基阴离子,紧密的结构保证了电子的有效传递。器件在外加偏压时产生电流,电导率为 $1.0×10^{-3}$ S/m,电子顺磁共振表明纳米带中的自由基阴离子 $g$ 值(Lande 因子)具有各向异性,这与纳米带具有一维结构相一致[26]。该研究工作为有机微纳结构的应用提供了新的思路。

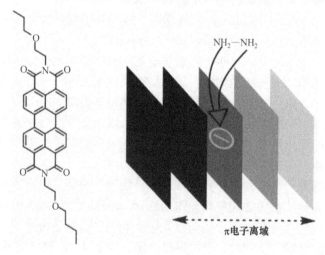

图 8-10  PTCDI 的分子结构式和通过掺杂电子在π堆积方向的离域产生的一维导电性示意图[26]

### 8.3.3 微纳结构应用于荧光传感器

荧光是材料分子从激发态经辐射跃迁回到多重性相同的低能级状态所产生的发光现象。以荧光为输出信号的传感器即为荧光传感器。荧光传感器一般由三部分组成:接受体、发光基团和中继体部分。该类传感器的主要优势在于其操作简单、选择性好、灵敏度高、即时性强、检测限低等。正因为荧光检测技术的这些优点,其在分析化学、生物化学、细胞生物学等诸多领域被广泛应用。

一维微纳结构具有长程分子有序性，因此沿着纳米纤维的长轴方向可以有效增强激子扩散长度(通过分子间的π电子相互耦合)，能够放大表面吸附猝灭分子(被检测物)荧光的猝灭现象[27]。利用一维微纳结构的这一特点，可以有效降低荧光传感器的检测限，使其应用范围更加广泛。

2008年，Zang(臧泠)课题组报道了不对称的PCTDI衍生物通过气相扩散法生长出的纳米纤维，在遇到有机胺类物质后发生几乎100%的荧光猝灭，响应时间仅为0.32 s，对苯胺分子的检测限为200 ppt(1 ppt=$10^{-12}$)。该荧光传感器表现出如此优异的性能，得益于其微纳结构。研究者选用了不对称的PCTDI衍生物，同时解决了一维组装需要较小的位阻基团和防止荧光猝灭需要体积较大的位阻基团这一矛盾问题。通过气相扩散法生长出的纳米纤维沉积在基底上形成彼此纠缠的网状结构，这样的多孔结构不仅增加了比表面积，使其对气体分子的吸附能力增强，同时确保了客体分子穿过基底发生有效的扩散，提升检测的响应速度和灵敏度。与基于聚合物膜的荧光传感器相比[28]，基于纳米纤维的传感器提供了由纳米纤维堆叠和纠缠构成的三维连续孔(或通道)，适合于分析物分子在整个膜基质中的扩散，并因此实现了快速响应。该纳米纤维材料在健康和安全检查方面将会有广泛的应用，特别是检测痕量的有机胺[29]。

除了对有机挥发性小分子或气体进行高效检测之外，荧光传感器常用于爆炸物的检测[30]。常见的爆炸物多为含有硝基的有机物，如三硝基甲苯(TNT)，该类化合物具有一定的氧化性，因此我们常基于具有一定"电子给体"性质的荧光分子与爆炸物发生高效的分子间电荷转移，进而发生荧光猝灭，实现对爆炸物的检测。同样，我们可以利用一维微纳结构增强激子扩散长度的原理，对荧光猝灭现象进行放大。

2007年，Zang(臧泠)课题组采用ACTC分子(图8-11)组装成的纳米纤维薄膜实现了对商业爆炸物二硝基甲苯(DNT)和三硝基甲苯(TNT)的高效检测[31]。研究者利用ACTC的四氢呋喃溶液旋涂在玻璃基底上退火的方式得到了具有多孔结构的纳米纤维薄膜，该薄膜具有较强的荧光发射，荧光量子效率为0.19，而ACTC

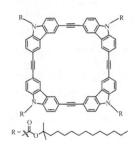

图8-11 ACTC的分子结构式及分子结构示意图[31]

的发射波长远在两个爆炸物的吸收波长范围之上，毫无疑问，可以实现激发态的能量转移。因此当 ACTC 在光照下接触到爆炸物分子后，从激发态的 ACTC 分子到爆炸物分子发生光诱导的电子转移，荧光发生猝灭。该纳米纤维薄膜对 TNT 的检测限可以低至 10 ppt（相对于 TNT 饱和蒸气压的 5 ppb）。

相比有机共轭小分子荧光传感器，由有机共轭聚合物的自聚集行为导致的自身荧光猝灭现象阻碍了其在化学传感器方面的应用。2009，Pei（裴坚）与 Liu（刘峰）课题组报道了首例使用静电纺丝技术制备共轭聚合物纳米纤维薄膜的研究，该传感器可实现爆炸物二硝基甲苯（DNT）的荧光检测（图 8-12）[32]。该传感器的卓越性能主要归因于以下几点：首先，用作荧光探针的共轭聚合物对芳香硝基化合物 DNT 具有相对较大的亲和力，这可以从较大的静态荧光猝灭常数得到证明。这种亲和力主要是基于光诱导的电荷转移和π-π堆叠的相互作用，并且可以为快速荧光猝灭提供强大的驱动力。然后，通过静电纺丝技术制备的纳米纤维感光薄膜具有较大的表面积，表面上有更多的"识别位点"，可以有效地增加灵敏度，降低检测限。通过将表面活性剂 SDS 作为造孔剂引入纤维中，可以进一步提高纳米纤维薄膜的检测性能。这一策略将共轭聚合物和静电纺丝技术结合，成功用于爆炸物的检测，可以作为开发高性能爆炸传感装置的重要方案。可以预测，静电纺丝技术适用于制备更多的共轭聚合物纳米纤维，进而制作高效的化学传感器。

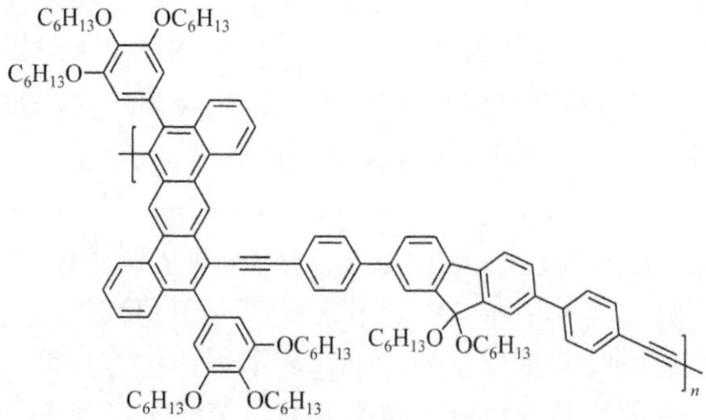

图 8-12　共轭聚合物的分子结构式[32]

随着对传感器工作机制认识的更加深入，研究者们不再局限于用一种类型的传感器检测物种，他们更倾向于灵活运用现有的检测方法，设计合成一些多元的传感器，发展更便携、快速、直观和价格低廉的化学传感器。有机微纳结构在其中除了发挥信号放大与增强的作用外，在器件的小型化、可穿戴检测方面也会有重要的应用。

## 8.4 有机光探测器

### 8.4.1 引言

有机半导体在光检测方面的应用对科学家们具有很大的吸引力。事实上，在从紫外（UV）到近红外（NIR）的区域中，我们可以在全色范围内或特定波长处有选择性地调控光谱灵敏度。有机材料可大面积加工和可低温加工的特性使得科学家们在光电子系统的源头进行创新成为可能。例如，对于在生物医学中用到的 X 射线检测，有机光探测器可以实现大面积成像和扫描，以及制备弧形或者柔性曲面的设备等。有机材料的显著优势为有机光探测器的实际应用奠定了良好的基础。

### 8.4.2 有机光探测器的机理

**1. 有机光电二极管和有机光导器件**

有机光电二极管和有机光导器件都具有两个终端，光敏介质由两个金属触点接触。其最常见的拓扑结构是垂直结构（夹心状），与 OPV 器件结构非常相似，不同的是，有机光电二极管和有机光导器件中通过施加一个反向电场降低暗电流，使得电荷被快速收集。在有机光电二极管中，吸收的光子最多可以产生一个电子-空穴对，外量子效率（EQE）不能高于 100%，因此需要非注入的金属-半导体接触。在有机光导器件中，EQE 可以超过 100%，为此，必须注入至少一种载流子[图 8-13(a)][33]。

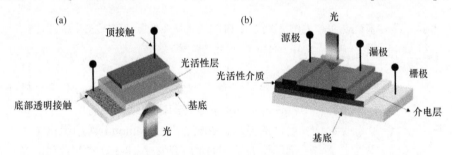

图 8-13　有机光探测器的典型器件配置[33]

(a) 具有垂直拓扑结构的有机光电二极管，底部有光入口；(b) 有机光电晶体管的典型结构（底栅顶接触，顶光照明）

**2. 有机光电晶体管**

有机光电晶体管的器件结构基本上与 OFET 相同，具有三个电极，分别称为源极、漏极和栅极。对于正常 OFET 的工作器件，沟道中的电流流量（漏电流，$I_D$）由给定的源极-漏极偏压（$V_D$）以及栅极电压（$V_G$）的大小控制。而对于有机光电晶体管，漏电流还可以通过调控入射光来实现控制[图 8-13(b)]。

### 8.4.3 有机光探测器的应用

2003 年，Smith 课题组报道了首例基于自组装的卟啉纳米棒有机光导器件。研究者利用 $H_4TPPS_4^{2-}$ 分子在酸性溶液中自组装成一维纳米棒状结构(图 8-14)，该棒状结构的精确高度为(3.8±0.3) nm，长度范围为 0.2～2 μm，该聚集体在 492 nm 处表现出典型的电子跃迁[34]。研究者将 $H_4TPPS_4^{2-}$ 的纳米棒沉积在已经阵列化好电极的基底上，在 488 nm 的光照下进行光电导行为测试。该卟啉纳米棒在黑暗条件下为绝缘体，在施加 0.5 V 偏压的条件下，可以观察到小于 0.2 pA 的电流；而在施加光照条件下，可以观察到明显的电流上升信号。同时可以发现，在施加偏压的条件下施加光照可以观察到光电流具有时间依赖行为，随着光照时间的增加，电流强度呈现上升趋势。经过计算得知，纳米棒吸收一个光子将会有 0.023 个电子发生传递。研究者对该光导现象提出了一个定性的模型去解释激发态的电子从 HOMO 到 LUMO 的传递过程，之前被光电离的分子的 LUMO 提供了两个电极间的导电通道[35]。

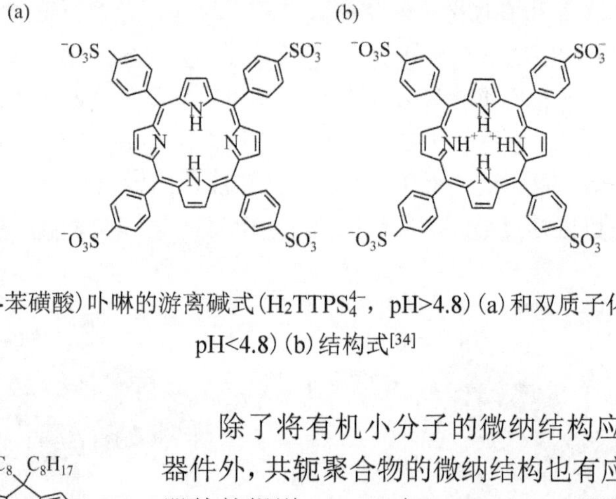

图 8-14 四(4-苯磺酸)卟啉的游离碱式($H_2TTPS_4^{4-}$，pH>4.8)(a)和双质子化($H_4TTPS_4^{2-}$，pH<4.8)(b)结构式[34]

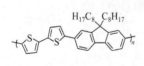

图 8-15 F8T2 结构式[34]

除了将有机小分子的微纳结构应用于有机光导器件外，共轭聚合物的微纳结构也有应用于有机光导器件的报道。2006 年，Redmond 课题组报道了第一例基于共轭聚合物 F8T2(图 8-15)的纳米线的光导行为。研究者利用溶液辅助的模板法高产率地制备了聚合物纳米线，纳米线的结构和形貌得到了良好的控制，直径约为 200 nm，平均长度约为 15 μm。对该纳米线的电学性质表征证明纳米线与电极表面的接触电阻为 $7×10^3 \ \Omega \cdot m < \rho < 4×10^4 \ \Omega \cdot m$，这可能是由于暴露在空气中发生了掺杂。对该纳米线进行光导测试表明，在 0.4 mA/W 的单色光照射下，外量子效率为 0.001，可以与无机纳米线相比拟。该研究结果表明，采用新型的微纳结构或纳米尺度的构筑单元可以制备新型的纳米光电子器件[36]。

除了有机光导器件外，有机微纳结构在有机光电晶体管领域也得到了广泛应用。2006 年，Torrent 课题组首次报道了基于四硫富瓦烯(TTF)衍生物 DT-TTF 的有机微纳光电晶体管(图 8-16)[37]。在 $V_G$=10 V，采用 2.5 W/cm$^2$ 的白光照射时，DT-TTF 单晶光电晶体管的光暗电流比达到 10$^4$。但是 DT-TTF 单晶光电晶体管中存在着明显的持续光电导效应，即撤离光照后，光生载流子不会在短时间内全部复合，而是有一部分依然贡献到源漏电流 $I_{SD}$ 中，使得 $I_{SD}$ 相对于光照前的 $I_{SD}$ 有所增加。他们制备的 DT-TTF 单晶光电晶体管的光响应时间超过 20 s，而且只有在栅极电压很大的情况下才有持续的光电导效应，但是光响应时间也缩短到几秒以内。

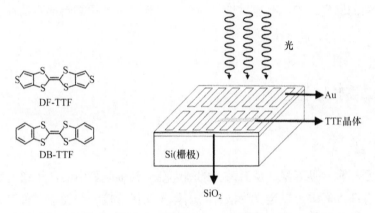

图 8-16　DT-TTF 的分子结构式及光电晶体管器件的示意图[37]

2007 年，Hu(胡文平)课题组在研究 F$_{16}$CuPc 单晶微纳米带场效应晶体管的电学性质时发现 F$_{16}$CuPc 单晶微纳米带具有良好的光开关性质(图 8-17)[38]。研究者发现，当栅极空置，源漏电压保持不变的情况下，随着入射光的开启和关闭，器件能够很好地在开态(高电流)和关态(低电流)间转换，并且响应时间短，具有非常好的重复性和稳定性。同时他们还发现 CuPc 单晶微纳米带也同样具有光响应特性。相对于 CuPc，F$_{16}$CuPc 具有更高的光暗电流比($4.5 \times 10^4$)，这说明 F$_{16}$CuPc

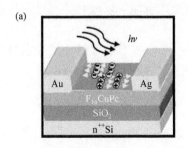
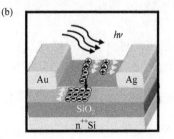

图 8-17　(a)F$_{16}$CuPc 单晶微纳米带光开关器件原理图；(b)F$_{16}$CuPc 单晶微纳米带光电晶体管器件原理图[38]

是一种更好的光导体。他们还对 $F_{16}CuPc$ 单晶微纳米带光电晶体管的工作模式进行了探究。实验结果表明，当固定栅极电压不变时，研究不同光照强度下器件的输出曲线时，获得的曲线非常类似于常规耗尽型场效应晶体管的输出曲线。这些结果表明，光照强度可以作为源极、漏极和栅极之外的第四极对器件的输出特性进行调控，所得器件同时具备了光探测和信号放大两个功能，是一个多功能的器件。这类具有多用途的器件在未来的有机电子学领域将会产生巨大影响，从而推动整个领域的进步。

可见，有机微纳结构在有机光探测器领域具有广泛的应用，极大地丰富了有机光探测器的器件结构，有机微纳结构对于研究有机光探测器的本征性质具有深远的意义。

## 8.5 超疏水材料

### 8.5.1 引言

润湿是一种常见现象，从海滩上的潮起潮落到细胞膜中的离子通道等任何地方都广泛存在。润湿可以定义为液体与固体表面保持接触的能力，可以通过两相之间的分子间相互作用来确定[39,40]。从 1805 年引入杨氏方程开始，润湿和润湿性的相关研究已经具有二百多年的历史[41]。在探索润湿性的基本原理和研究这一现象的过程中，产生了一些具有代表性的实验发现。例如，Ollivier 在 1907 年报道了一种抗湿润烟灰/石松粉混合物[42]；1953 年，Bartell 和 Shepard 发现，微米级金字塔形石蜡表面具有优异的防水性能[43]；2001 年，Jiang(江雷)课题组报道了纳米尺度垂直排列的碳纳米管薄膜表现出超疏水性能，表明微纳米结构在构建超疏水表面中的重要性[44]。微米/纳米尺度结构在超疏水材料中的重要性也已经由 Koch 等[45]和 Robin 等[46]证明。微尺度柱阵列不能通过负 Laplace 压力从 Wenzel 状态转移到 Cassie 状态，而微米/纳米尺度的两层结构表面可以成功地在这两种状态之间可逆过渡（图 8-18）。

有关超疏水材料的相关综述已有很多[39,40]，本节着重讨论超疏水材料的微纳结构种类，对超疏水材料的分类以及相关的仿生原理不做介绍。

### 8.5.2 超疏水材料中的微纳结构

具有球状零维空心结构的超疏水材料最早由 Jiang(江雷)课题组在 2007 年报道[47]。研究者使用全氟辛烷磺酸(PFOSA)作为掺杂剂和软体模板，使导电的聚苯胺(PANI)自组装成红棕色空心球状结构，同时产生超疏水性。研究者提出中空红

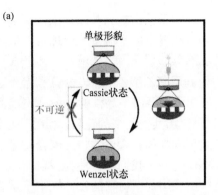 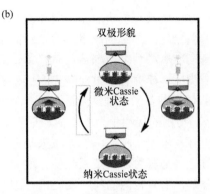

图 8-18 微米/纳米二层结构是构建稳定超疏水表面的关键因素：(a)对于单微米尺度粗糙度而言，出现了从 Cassie 到 Wenzel 状态的润湿行为的不可逆变化；(b)对于它们层状结构的对应部分，纳米结构可以由纳米 Cassie 状态替代 Wenzel 状态，这是由于有一些气穴滞留在它们的结构间隙[46]

褐色球体可以通过两种自组装途径的协同作用形成，即由 PFOSA 组成的球形胶束作为"自组装模板"，PFOSA/苯胺盐胶束作为 PANI 纳米纤维的软体模板，两种途径的相互作用产生了最终的空心球状结构。该材料接触角为 164.5°，具备显著的超疏水性；电导率为 0.96 S/cm，该电导率随着温度的降低而降低，表现出半导体材料的典型性质。该研究制备过程简单，具有极大比表面积和超疏水性质的导电空心球可能会在生物传感器中具有潜在应用，特别是在药物的传递和药物可控释放方面可能具有重要应用。更重要的是，零维空心球微纳结构的超疏水表面可以保护其自身的导电性能以及封装在其中的材料，该结构在有机电子学领域将会有潜在的应用。

2010 年，Jiang(江雷)课题组报道了模仿蜘蛛丝的一维微纳结构超疏水人造纤维的制备，实现了水珠在纤维上的定向收集[48]。研究者受到蜘蛛丝定向收集水珠的机理启发，设计并制备了与蜘蛛丝结构特征相似的人造纤维。光学图像显示，这种人造蜘蛛丝具有类似于湿润蜘蛛丝的周期性纺锤体结构，周期为(394.6±16.1) μm。纺锤体部分和关节的直径分别为(43.7±5.4) μm 和(13.5±0.7) μm，其微观结构与湿润蜘蛛丝相似：人造蜘蛛丝的关节处具有可以拉伸的多孔结构，并且人造蜘蛛丝的纺锤部分呈现出无规的多孔表面结构。当人造蜘蛛丝暴露在雾气中时，小水滴开始随机地凝结在人造蜘蛛丝上；并且随着液滴体积的增加，位于关节上的水滴向主轴滑动。这些结果清楚地表明，研究者设计的人造蜘蛛丝不仅模仿了湿润蜘蛛丝的结构，还具有定向收集水分的能力。该研究中阐明的一维超疏水微纳结构的设计原则将有助于开发水分收集和液体气溶胶过滤的功能性纤维。

2008 年，Jiang(江雷)课题组报道了模仿花瓣的二维超疏水微纳结构[49]。红玫瑰花瓣表面具有层状的微乳突和纳米褶皱，这些微纳结构为其超疏水性提供了足够的粗糙度，同时也产生了对水的高黏附力。花瓣上的水滴呈现出球形，但将花瓣颠倒后水滴却不易滚落，研究者把这种现象称为"花瓣"效应，可与"莲花"效应类比。研究者通过对花瓣表面的模仿，利用聚乙酸乙烯酯(PVA)和聚苯乙烯(PS)仿生制备了二维纳米压花结构薄膜，该薄膜显示出不寻常的 Cassie 浸渍润湿状态，与水的接触角为 154.6°。研究者同时研究了其他类型的花瓣，利用"花瓣"效应开发出了一种简单的方法来制备具有超疏水性和黏合性的仿生聚合物薄膜，并且这种薄膜可以大规模制备。这项研究不仅提高了我们对自然物种自清洁性能的理解，而且也为涂料、功能性纤维和装饰中应用的新材料的设计提供了重要的思路。

2006 年，Jiang(江雷)课题组报道了采用一步溶液浸渍法制备加工稳定的仿生超疏水表面，该表面具有三维微纳结构[50]。在该项研究中，研究者介绍了一种简易可行的方法，构造了一种环境稳定性强的脂肪酸金属羧酸盐超疏水表面。这种超疏水表面在工业应用中十分重要，为长期以来困扰人们的金属或合金材料的环境污染和锈蚀问题提供了解决方法。研究者以铜板为例，只需将铜板或者任何表面覆盖铜的基板，在室温下浸渍在一种多碳脂肪酸溶液中，便可成功在铜板表面生成十分稳定的仿生超疏水表面，其本质上是生成了形似花朵的群簇涂层 $Cu(CH_3(CH_2)_{12}COO)_2$，与水的接触角约为 162°。该工作为工业化生产超疏水表面奠定了基础。

随着人们对固相、液相和气相之间相互作用的了解不断深入，更多的超疏水状态及其独特化学行为也许会在不远的将来被发现。基于超疏水材料的研究无论对于基础科学还是生产生活都具有重要的意义，对于新材料和光学/电子应用而言，基于超疏水性的化学的发展无疑具有广阔的空间。

## 参 考 文 献

[1] Ebisawa F, Kurokawa T, Nara S. Electrical properties of polyacetylene/polysiloxane interface. J Appl Phys, 1983, 54: 3255-3259.

[2] Tsumura A, Koezuka H, Ando T. Macromolecular electronic device: Field-effect transistor with a polythiophene thin film. Appl Phys Lett, 1986, 49: 1210-1212.

[3] Minemawari H, Yamada T, Matsui H, et al. Inkjet printing of single-crystal films. Nature, 2011, 475: 364-367.

[4] Reese C, Bao Z. Organic single-crystal field-effect transistors. Mater Today, 2007, 10: 20-27.

[5] Brédas J L, Beljonne D, Coropceanu V, et al. Charge-transfer and energy-transfer processes in π-conjugated oligomers and polymers: A molecular picture. Chem Rev, 2004, 104: 4971-5004.

[6] Coropceanu V, Cornil J, da Silva Filho D A, et al. Charge transport in organic semiconductors.

Chem Rev, 2007, 107: 926-952.
[7] Wang C, Dong H, Hu W, et al. Semiconducting π-conjugated systems in field-effect transistors: A material odyssey of organic electronics. Chem Rev, 2012, 112: 2208-2267.
[8] Tang Q, Jiang L, Tong Y, et al. Micrometer- and nanometer-sized organic single-crystalline transistors. Adv Mater, 2008, 20: 2947-2951.
[9] Menard E, Podzorov V, Hur S H, et al. High-performance n- and p-type single-crystal organic transistors with free-space gate dielectrics. Adv Mater, 2004, 16: 2097-2101.
[10] Dou J H, Zheng Y Q, Yao Z F, et al. A cofacially stacked electron-deficient small molecule with a high electron mobility of over 10 $cm^2 \cdot V^{-1} \cdot s^{-1}$ in air. Adv Mater, 2015, 27: 8051-8055.
[11] Ichikawa M, Yanagi H, Shimizu Y, et al. Organic field-effect transistors made of epitaxially grown crystals of a thiophene/phenylene co-oligomer. Adv Mater, 2002, 14: 1272-1275.
[12] Yamagishi M, Takeya J, Tominari Y, et al. High-mobility double-gate organic single-crystal transistors with organic crystal gate insulators. Appl Phys Lett, 2007, 90: 182117.
[13] Liu C, Minari T, Lu X, et al. Solution-processable organic single crystals with bandlike transport in field-effect transistors. Adv Mater, 2011, 23: 523-526.
[14] Xu X, Yao Y, Shan B, et al. Electron mobility exceeding 10 $cm^2 \cdot V^{-1} \cdot s^{-1}$ and band-like charge transport in solution-processed n-channel organic thin-film transistors. Adv Mater, 2016, 28 (26): 5276-5283.
[15] Kim D H, Han J T, Park Y D, et al. Single-crystal polythiophene microwires grown by self-assembly. Adv Mater, 2006, 18: 719-723.
[16] Xiao X, Hu Z, Wang Z, et al. Study on the single crystals of poly(3-octylthiophene) induced by solvent-vapor annealing. J Phys Chem B, 2009, 113: 14604-14610.
[17] Ma Z, Geng Y, Yan. Extended-chain lamellar packing of poly(3-butylthiophene) in single crystals. Polymer, 2007, 48: 31-34.
[18] Briseno A L, Mannsfeld S C B, Shamberger P J, et al. Self-assembly, molecular packing, and electron transport in n-type polymer semiconductor nanobelts. Chem Mater, 2008, 20: 4712-4719.
[19] Wang S, Kappl M, Liebewirth I, et al. Organic field-effect transistors based on highly ordered single polymer fibers. Adv Mater, 2012, 24: 417-420.
[20] Tang C W. Two-layer organic photovoltaic cell. Appl Phys Lett, 1986, 48: 183-185.
[21] Meng L, Zhang Y, Chen Y, et al. Organic and solution-processed tandem solar cells with 17.3% efficiency. Science, 2018, 361: 1094-1098.
[22] Zhang Y, Dong H, Tang Q, et al. Organic single-crystalline p-n junction nanoribbons. J Am Chem Soc, 2010, 132: 11580-11584.
[23] Xin H, Kim F S, Jenekhe S A. Highly efficient solar cells based on poly(3-butylthiophene) nanowires. J Am Chem Soc, 2008, 130: 5424-5425.
[24] Yu G, Gao J, Hummelen J C, et al. Polymer photovoltaic cells: Enhanced efficiencies via a network of internal donor-acceptor heterojunctions. Science, 1995, 270: 1789-1791.
[25] Kishore R S K, Kel O, Banerji N, et al. Ordered and oriented supramolecular n/p-heterojunction surface architectures: Completion of the primary color collection. J Am Chem Soc, 2009, 131:

11106-11116.

[26] Che Y, Datar A, Yang X, et al. Enhancing one-dimensional charge transport through intermolecular π-electron delocalization: Conductivity improvement for organic nanobelts. J Am Chem Soc, 2007, 129: 6354-6355.

[27] Zang L, Che Y, Moore J S. One-dimensional self-assembly of planar π-conjugated molecules: Adaptable building blocks for organic nanodevices. Acc Chem Res, 2008, 41: 1596-1608.

[28] Thomas S W, Swager T M. Trace hydrazine detection with fluorescent conjugated polymers: A turn-on sensory mechanism. Adv Mater, 2006, 18: 1047-1050.

[29] Che Y, Yang X, Loser S, et al. Expedient vapor probing of organic amines using fluorescent nanofibers fabricated from an n-type organic semiconductor. Nano Lett, 2008, 8: 2219-2223.

[30] Yang J S, Swager T M. Porous shape persistent fluorescent polymer films: An approach to TNT sensory materials.J Am Chem Soc, 1998, 120: 5321-5322.

[31] Naddo T, Che Y, Zhang W, et al. Detection of explosives with a fluorescent nanofibril film.J Am Chem Soc, 2007, 129: 6978-6979.

[32] Long Y, Chen H, Yang Y, et al. Electrospun nanofibrous film doped with a conjugated polymer for DNT fluorescence sensor. Macromolecules, 2009, 42: 6501-6509.

[33] Baeg K J, Binda M, Natali D, et al. Organic light detectors: Photodiodes and phototransistors. Adv Mater, 2013, 25: 4267-4295.

[34] Schwab A D, Smith D E, Rich C S, et al. Porphyrin nanorods. J Phys Chem B, 2003, 107: 11339-11345.

[35] Schwab A D, Smith D E, Bond-Watts B, et al. Photoconductivity of self-assembled porphyrin nanorods. Nano Lett, 2004, 4: 1261-1265.

[36] O'Brien G A, Quinn A J, Tanner D A, et al. A single polymer nanowire photodetector. Adv Mater, 2006, 18: 2379-2383.

[37] Mas-Torrent M, Hadley P, Crivillers N, et al. Large photoresponsivity in high-mobility single-crystal organic field-effect phototransistors. Chem Phys Chem, 2006, 7: 86-88.

[38] Tang Q, Li L, Song Y, et al. Photoswitches and phototransistors from organic single-crystalline submicro/nanometer ribbons. Adv Mater, 2007, 19: 2624-2628.

[39] Su B, Tian Y, Jiang L. Bioinspired interfaces with superwettability: From materails to chemistry.J Am Chem Soc, 2016, 138: 1727-1748.

[40] Wang S, Liu K, Yao X, et al. Bioinspired surfaces with superwettability: New insight on theory, design, and applications. Chem Rev, 2015, 115: 8230-8293.

[41] Young T. An essay on the cohesion of fluids. Philos Trans R Soc London, 1805, 95: 65-87.

[42] Ollivier H. Recherches sur la capillarité, J Phys Theor Appl, 1907. 6: 757-782.

[43] Bartell F E, Shepard J W. The effect of surface roughness on apparent contact angles and on contact angle hysteresis. Ⅰ. The system paraffin-water-air. J Phys Chem, 1953, 57: 211-215.

[44] Li H, Wang X, Song Y, et al. Super- "amphiphobic" aligned carbon nanotube films. Angew Chem Int Ed, 2001, 40: 1743-1746.

[45] Koch K, Bhushan B, Jung Y C, et al. Fabrication of artificial lotus leaves and significance of hierarchical structure for superhydrophobicity and low adhesion. Soft Matter, 2009, 5:

1386-1393.

[46] Verho T, Korhonen J T, Sainiemi L, et al. Reversible switching between superhydrophobic states on a hierarchically structured surface. Proc Natl Acad Sci USA, 2012, 109: 10210-10213.

[47] Zhu Y, Hu D, Wan M X, et al. Conducting and superhydrophobic rambutan-like hollow spheres of polyaniline. Adv Mater, 2007, 19: 2092-2096.

[48] Zheng Y, Bai H, Huang Z, et al. Directional water collection on wetted spider silk. Nature, 2010, 463: 640-643.

[49] Feng L, Zhang Y, Xi J, et al. Petal effect: A superhydrophobic state with high adhesive force. Langmuir, 2008, 24: 4114-4119.

[50] Wang S, Feng L, Jiang L. One-step solution-immersion process for the fabrication of stable bionic superhydrophobic surfaces. Adv Mater, 2006, 18: 767-770.

# 第 9 章

# 总结与展望

有机功能材料发展至今,已有将近半个世纪的历史。有机功能材料具有的柔性、可大面积溶液加工以及可修饰性等特点使得有机功能材料在未来材料领域有着非常大的应用潜力。基于有机材料的发光二极管已面向市场大规模生产,并有着无机材料不可替代的优势。有机太阳电池、有机场效应晶体管、有机传感器等其他器件类型的基础研究和市场应用也正在如火如荼地开展。

从有机功能材料的发展历史来看,它经历了从材料到器件、从宏观到微观、从静态到动态等各方面的转变。随着化学家和材料学家的不断创新,各式各样的有机分子被创造出来,一系列的修饰基团被应用于分子材料的设计中。研究者逐渐认识到共轭体系、烷基侧链以及分子间相互作用在有机功能材料中所发挥的作用,并以此来指导新材料的设计。

诸如溶液法、气相沉积法、模板法等在材料到器件的加工过程中也被深入研究,溶剂效应、沉积动力学过程、分子在溶液下的预聚集和预组装、模板诱导等微观和动态的过程得到重视和研究,由此产生的对微米尺度的器件效率的影响也得到一定程度上的阐述。

本书以有机功能材料为基础,首先从有机功能材料的化学结构、分子间相互作用出发,详细阐述了有机功能材料在最近几十年的发展,总结了分子结构、分子间相互作用以及器件效率之间的相互关系。随后,以微纳加工方法为中心,介绍了有机微纳结构的各种制备方法,以及分子间相互作用在溶液法制备有机微纳结构中的影响,总结了有机微纳结构的生长机理与结构调控方法。紧接着介绍了有机微纳结构的功能化后修饰方法以及阵列化方法,这些都是有机功能材料进行大面积溶液加工的基础。最后,以有机功能材料的器件加工与应用为主线,介绍了有机微纳结构的各种器件应用。本书各章节之间以"有机微纳结构"为中心,以"有机功能材料"贯穿全书,从基础理论知识介绍到最新前沿进展,对有机功能材料以及微纳结构这一领域的发展历程和发展方向进行了全面而深入的论述,期望为有机材料专业的研究人员、学生提供一些帮助。

# 索　引

## B

饱和蒸气压　76
边际溶剂　70
边面堆积　43
表面能　101
表面修饰　122
玻璃化转变温度　94

## C

层压技术　117
场致时间分辨微波电导　93
超疏水性　110
重组能　6
稠环芳烃　11

## D

导电聚合物　26
滴涂法　71，128
底栅底接触　154
底栅顶接触　154
电荷衰减法　154
电荷转移　117
电化学沉积　79
电子耦合　6
电子迁移率　22
电子转移　39
顶栅底接触　154

顶栅顶接触　154
定向外延结晶　84
短路电流密度　159
对映异构体　99
多晶　77

## E

二维层状堆积　15

## F

范德瓦耳斯作用　37
飞行时间法　154
非共价相互作用　5
非均相成核　122
非线性光学　109
分子传感器　161
分子构象　98
分子束外延技术　119

## G

给受体相互作用　37
功函　19
构效关系　5
刮涂法　138
光暗电流比　167
光电导　45
光电导效应　167
光电流　4
光生激子　118

过滤转移　144

## H

互补反相器　15
化学气相沉积　79
霍尔效应法　154

## J

奇偶效应　97
激子　3
激子迁移　39
接触电阻　166
接触角　110
接触线　128
结晶温度　70
介电常数　1
介电泳　133
金属-配体相互作用　37
浸润性　131
浸涂法　135
浸蘸笔纳米加工刻蚀法　140
晶型　76
静电纺丝技术　79
静电作用　37
锯齿构型　97
聚合物纳米线　28
绝缘层　4

## K

咖啡环效应　128
开关比　23
开路电压　159
空间限制电流法　154
空穴迁移率　12

## L

立体异构体　99
连续结晶法　122
链间缠结　80
链间传输　7
链内传输　7
两亲性分子　105
两相浸涂法　136
漏电流　165
漏极　4, 154
掠射角沉积　79
螺距　105
螺旋　103
螺旋有机微纳结构　103

## M

马兰戈尼流　128
毛细作用　84
面面堆积　43
摩擦系数　101
模板诱导印刷　143

## N

纳米反应器　41
纳米转印成型方法　142
内消旋异构体　99
能带传输　156
能级带隙　11
能量转化效率　4, 158
能量转移　122

## O

偶极矩　93
偶极-偶极相互作用　37

## 索引

### P

喷墨印刷　139
偏心旋涂　137
偏移堆积　43
平行堆积　43

### Q

气体检测器　111
迁移率　6
前线轨道能级　12
嵌段共聚物　71
氢键　37
区域规整度　69
取向力　38
取向性　120
全氟烷基链　101

### R

溶剂热合成　79
溶剂蒸气退火　75, 156
溶剂蒸气增强滴涂　157
熔融温度　94
润湿　168

### S

色散力　38
栅极　4, 154
栅极电压　165
手性烷基　99
疏水性　101
疏水作用　37
双组分单晶　27
瞬态电流法　154

### T

泰勒锥　80
体相溶液自组装法　66
体异质结太阳电池　4
填充因子　159
同轴纺丝　82
同轴射流　82
涂布法　135

### W

外量子效率　27, 165
微纳加工　2
物理气相沉积　76
物理气相转移法　14

### X

相分离　121
相交堆积　43
相转变　78
肖特基异质结　118
旋涂法　136
循环伏安法　19

### Y

液滴固定结晶法　102
液桥　142
印刷方法　139
荧光　162
荧光猝灭　163
荧光共振能量转移　60
荧光量子效率　12
有机场效应晶体管　2
有机单晶场效应晶体管　12
有机单晶异质结　117
有机发光二极管　2

有机功能材料　　1
有机光导器件　　165
有机光电二极管　　165
有机太阳电池　　2
诱导力　　38
鱼骨状堆积　　14
阈值电压　　156
源极　　4, 154

## Z

杂环并苯　　16
载流子　　1
增溶基团　　93
阵列化　　121
阵列化图案　　129
正交溶剂　　120
支持聚合物　　82
质子供体　　48

质子受体　　48
转移积分　　6
转移印刷　　140
自组装　　19, 37

## 其他

$C_{60}$　　25
Frenkel 激子　　2
gain 值　　15
J 型激子耦合　　108
$M$ 型螺旋　　104
n 型材料　　10
p-n 异质结　　116
p 型材料　　10
$P$ 型螺旋　　104
S⋯S 相互作用　　18
Wannier 激子　　2
π-π 相互作用　　37